최근 들어 고객이 미용사 여러분들에게 요구하는 역할 범위가 많이 넓어졌습니다. 고객은 멋있고 아름다운 헤어를 손바닥 들여다보듯 할 정도로 고도화된 지식이 뒷받침된 기술과 어드바이스를 기대합니다. 그 기대에 부응하기 위한 커뮤니케이션, 기술, 실력을 매일 연마하고 있을 것입니다. 그중에서 「모발과학」을 공부한다는 것은 전문 지식을 체계적으로 이해하여 고객이 요구하는 정보와 기술을 정확하게 고객에게 제공하기 위한 것입니다. 그리고 미용사로서 역할 범위도 넓힐 수 있습니다. 요즘 고객들은 인터넷 등을 통해서 다양한 정보를 용이하게 습득할 수 있게 되면서 모발 화장품에 대한 관심이 매우 높아졌지만 "무엇을 믿어야 좋을지 알 수 없다"라고 하는 고객 역시 많습니다. 그런 분들을 위해 프로로서 직접 모발에 관한 어드바이스를 함으로써 고객에게 더 큰 만족을 드리게 될 것입니다.

TakaraBelmont 주식회사

Contents

- 003 PROLOGUE

007 제1장 모발 기본 지식 ①
- 008 시작……
- 009 제1장의 주제들
- 010 모발 발생과 주기
- 012 모발 내측(안쪽)과 외측(바깥쪽)의 구조
- 017 모발의 성분
- 021 곱슬모
- 024 복습 테스트&스탠바이 코멘트

025 제2장 모발 기본 지식 ②
- 026 제2장의 주제들
- 027 손상 진단
- 028 모발 손상
- 030 손상 레벨
- 032 다양한 손상
- 034 에이징
- 040 탈모
- 042 복습 테스트&스탠바이 코멘트

043 제3장 샴푸&헤드스파에 유용한 모발과학
- 044 제3장의 주제들
- 045 샴푸의 배합 성분
- 046 샴푸의 기능
- 051 피부
- 053 두피
- 055 헤드스파
- 058 복습 테스트&스탠바이 코멘트

059 제4장 트리트먼트에 도움이 되는 모발과학
- 060 제4장의 주제들
- 061 트리트먼트 역사
- 062 트리트먼트 종류
- 066 트리트먼트 메커니즘
- 070 트리트먼트 질문을 해결! Q&A
- 072 복습 테스트&스탠바이 코멘트

073 제5장 헤어컬러의 구조 파악 ①
- 074 제5장의 주제들
- 075 헤어컬러 역사
- 076 멜라닌 색소
- 078 헤어컬러제 종류
- 080 산화형 염모제의 메커니즘
- 084 탈색작용과 발색작용
- 086 블리치 메커니즘
- 090 산성염모료 메커니즘
- 092 복습 테스트&스탠바이 코멘트

093	**제6장** **헤어컬러의 구조 파악 ②**	129	**제8장** **스트레이트와** **머릿결 개선의 구조를 파악**
094	제6장의 주제들		
095	색채 메커니즘	130	제8장의 주제들
096	손상모에 컬러링	131	곱슬모 어프로치
098	전처리제 활용	132	스트레이트 메커니즘
102	헤어컬러에서 윤기가 생기는 메커니즘	135	스트레이트 시술 실천
104	퇴색과 변색	138	모발개선 메뉴의 종류
106	홈컬러제	140	복습 테스트&스탠바이 코멘트
108	헤어컬러의 질문을 해결! Q&A		
110	복습 테스트&스탠바이 코멘트	141	**제9장** **스타일링제의 활용**
111	**제7장** **퍼머 구조를 파악**	142	제9장의 주제들
		143	스타일링제 역사
112	제7장의 주제들	144	다양한 스타일링제
113	퍼머의 역사	146	세트 성분과 제형의 특징
114	컬 형성 메커니즘	150	스타일링제 선택 방법
116	환원작용이 있는 성분	152	케어할 수 있는 스타일링제
118	중간 헹굼	154	스타일링제에 관한 질문을 해결! Q&A
121	산화	156	복습 테스트&스탠바이 코멘트
124	퍼머에서의 열		
126	시술불량		
128	복습 테스트&스탠바이 코멘트	159	EPILOGUE

제1장

카운셀링에서 차이가 생긴다
모발 기본 지식 ①

이 책에서는 고객에게 헤어디자인을 제안할 때 도움이 되는 모발과학의 지식·이론을 배워보겠습니다. 모발과학에 관한 지식을 더 깊게 함으로써 퍼머·헤어컬러·트리트먼트 등의 시술 시 기본 원리를 알 수 있으며 아울러 자신감도 생깁니다. 제1장에서는 모발과학을 배우기 위한 베이스가 되는 지식을 배우겠습니다.

시작……
살롱워크에서 사용할 수 있는 모발과학을 마스터하자

저는 이 책의 네비게이터를 맡은 모발학박사 사이몬입니다. 이 책을 통해 살롱워크에서 사용할 수 있는 모발과학 지식을 독자 여러분이 마스터할 수 있도록 도와드리겠습니다. 먼저, 왜 모발과학을 마스터하는 것이 중요한지 생각해 봅시다.

네비게이터
사이몬 박사

● 모발과학을 배우면 할 수 있는 것

모발은 헤어 디자인의 소재입니다. 그럼, 소재의 특성을 자세히 파악해 둠으로써 당신은 어떤 것이 가능해질까요? 생각나는 것을 적어 봅시다.

기입예시 / 모발의 상태에 맞춰 헤어컬러 펌을 할 수 있고 디자인의 폭이 넓어진다 / 손상을 최소한으로 줄여 시술할 수 있다 / 방문주기 컨트롤 / 헤어 케어 어드바이스를 정확하게 제시할 수 있다 / 홈케어 제품을 고객에게 자신감 있게 추천 할 수 있다.

-
-
-
-

● 이 책을 읽는 방법

이 책에는 스타일리스트 1년 차 메리씨가 등장. 모발과학을 어려워하는 메리씨도 이 책을 통해서 질문을 해결하고 9개월 후에는 인기 스타일리스트로 성장했습니다! 당신이 위에 쓴 모든 것이 가능해집니다.

PROFILE
미용전문학교 졸업 후 OO 미용실에 입사. 올해 막 데뷔한 스타일리스트로 현재 지명 매출 향상을 목표로 분투 중.

메리씨

나와 함께 모발과학을 마스터해요!

모발 기본 지식

살롱워크 관점에서 배운다
제1장의 주제들

카운셀링 시 고객과의 대화를 시작하는 시점에서 필요한 모발의 기본 지식을 배워보겠습니다.
평소 살롱워크에서 이루어지는 고객과의 대화 중에도 모발과학은 깊이 관련되어 있습니다.

STEP.1 → p.10으로
모발이 자라서 빠질 때까지의 과정
모발은 왜 자라고 빠질까. 그 과정을 알아보자.

STEP.2 → p.12로
모발 내측(안쪽)과 외측(바깥쪽)의 구조
모발은 왜 윤기가 날까요? 모발 구조를 알아보자.

STEP.3 → p.17로
모발에 포함되어 있는 성분
트리트먼트에는 어떤 효과가 있나? 모발에 필요한 성분을 알아보자.

STEP.4 → p.21로
곱슬모의 종류와 원인
곱슬은 왜 생길까? 곱슬모의 원인을 알아보자.

모발의 발생과 주기

모발은 자란다! 그런데
어느 정도 자랄까

여기에서는 모발이 자라서 빠질 때까지의 사이클을 해설하겠습니다.
모발이 자라는 구조를 파악하면 고객의 살롱 방문 주기를 정확하게 예측할 수 있습니다.

1 오늘도 날씨가 좋네~

어느 살롱의 오후.

2 메리, 오늘은 ㅇㅇ님이 미용실 방문하시지? 카운셀링 중에 헤어 스타일을 정했다면 그 스타일이 어느 정도 유지되는지 전달하는 것이 좋아.

네 선배. 감사합니다!

존경하는 선배에게 어드바이스를 받은 메리.

3 알겠어요. 근데 어떻게 2개월이에요. 몇 cm 정도 자라요? **POINT 2**

이 스타일은 모발이 자라도 2개월간은 유지할 수 있으니까 그때가 지나면 다시 와주세요. **POINT 1**

선배가 알려준대로 다음 방문 시기를 알려드리는 메리였지만······

4 아! 모발이 원래 한 달에 어느 정도 자라는지 몰랐어.

모발이 자라는 속도를 파악해 두면 다음 미용실 방문 시기의 제안에도 도움이 된다.

이럴 때 알아 두면 좋은 지식은 이것!

POINT 1 모발 성장 메커니즘

POINT 2 헤어 사이클 (모주기)

POINT 1 — 모발 성장 메커니즘

모발은 모근부에 있는 모구에서 자란다. 모구는 모유두를 감싸고 있고 이 모유두가 모세혈관으로부터 모발의 원료가 되는 아미노산과 비타민, 미네랄 등의 영양분을 공급받는다. 모유두는 모세혈관에서 받은 영양분을 모구내의 모모세포로 전달한다. 영양분을 전달받은 모모세포는 분열을 반복하고 숫자가 늘어나 쌓이며 먼저 만들어진 것들을 밀어내면서 모발이 단단하게 각질화된다.

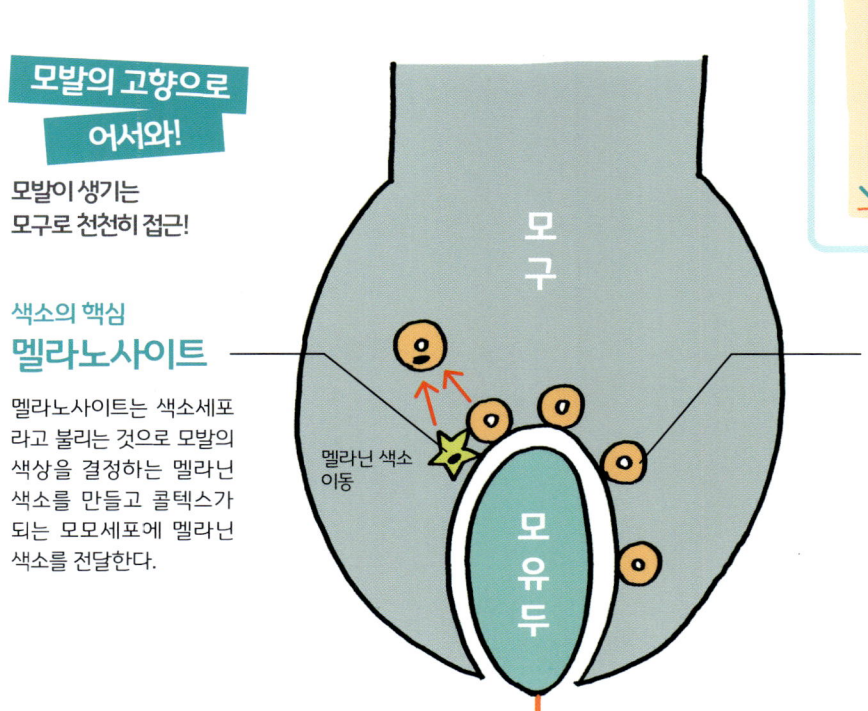

< 모발과 두피 >

모발의 고향으로 어서와!
모발이 생기는 모구로 천천히 접근!

색소의 핵심 — 멜라노사이트
멜라노사이트는 색소세포라고 불리는 것으로 모발의 색상을 결정하는 멜라닌 색소를 만들고 콜텍스가 되는 모모세포에 멜라닌 색소를 전달한다.

나중에 모발이 될 "아기" — 모모세포
모유두에서 영양을 받은 모모세포는 세포분열을 반복, 모발의 형태를 만드는 큐티클(모표피), 콜텍스(모피질), 메듈라(모수질) 중 하나가 된다.(13 페이지 참조)

POINT 2 — 헤어사이클(모주기)

모주기란 한 개의 모발이 자라고 나서 빠질 때까지의 주기를 말하고 남성의 경우 3~5년, 여성의 경우 4~6년이다. 모주기는 모발이 성장하는 「성장기」, 성장이 끝나 모구가 축소하고 모유두의 활동이 정지하는 「퇴화기」, 모구부가 밀려 모발이 두피에 머무르는 「휴지기」, 모유두가 활동을 시작해서 새로운 모발의 성장이 시작되면서 오래된 모발이 빠지는 「발생기」 4가지의 시기로 나눌 수 있다.

모발의 일생 — 헤어 사이클
- 성장기 3~6년 — 모발 전체의 85~90%
- 퇴화기 1~1.5개월 — 모발 전체의 1%
- 휴지기 4~5개월 — 모발 전체의 10~15%
- 발생기 — 오래된 모발이 빠진다

CHECK! 외워두자
- 동양인의 모발 숫자는 평균 10만 개!
- 1일 약 50~60개의 자연탈모!
- 모발의 성장 속도는 1개월에 1cm (가장 활발한 시기로 약 1.2센티)!
- 1개의 모발 수명은 남성의 경우 3~5년, 여성은 4~6년!

모발의 내측(안쪽)과 외측(바깥쪽)의 구조

모발의 내부는 어떻게 되어 있을까?

윤기 있고 부드러운 모발을 원하는 고객이 많은데 모발은 기본적으로 어떤 구조를 하고 있을까요?
모발의 구조를 이해하면 고객의 고민에 적합한 어드바이스를 할 수 있습니다.

❶
"더욱 자연스러운 윤기도 필요하고 손가락으로 모발을 쓸어 내릴 때의 결감도 나빠지고……"

"최근에 모발 때문에 신경 쓰이는 부분이 있었나요?"

윤기와 손으로 느끼는 결감이 나빠진 것을 호소하는 고객.

❷
"잠시 모발을 봐도 될까요?"

"큐티클이라고 하나요? 그게 손상된 것일까요?"

큐티클의 손상을 불안하게 생각하는 고객이지만 메리는 그 질문에 즉각 답할 수 없었다.

❸
POINT 1~4

"엇? 윤기와 손가락으로 느껴지는 부드러운 결감을 큐티클이 만드는 것일까?"

윤기와 부드러운 모발을 만드는 구조에 관해 상세하게 알아둘 필요가 있어.

이럴 때 알아 두면 좋은 지식은 이것!

POINT ❶ 모발의 기본 구조
POINT ❷ 큐티클 영역 상세 구조
POINT ❸ 콜텍스 영역 상세 구조
POINT ❹ 메듈라 영역 상세 구조

POINT 1 모발 기본 구조

모발은 큐티클과 콜텍스, 메듈라 세 가지 영역으로 구성되어 있다.

- 🟢 **큐티클(모표피)** / 무색투명한 비늘 형태로 1장으로 모발의 바깥 둘레 1/2~1/3을 감싸고 몇 겹의 비늘이 지붕의 기와처럼 겹쳐져 있다.
- 🟢 **콜텍스(모피질)** / 시가 또는 소시지와 같은 형태로 되어 있고 세로 방향으로 이어져 비교적 규칙적으로 나열되어 있다.
- 🟢 **메듈라(모수질)** / 기본적으로는 모발 중심부이지만 가는 모발뿐 아니라 보통모에서도 도중에 끊어져 있는 경우도 있다.

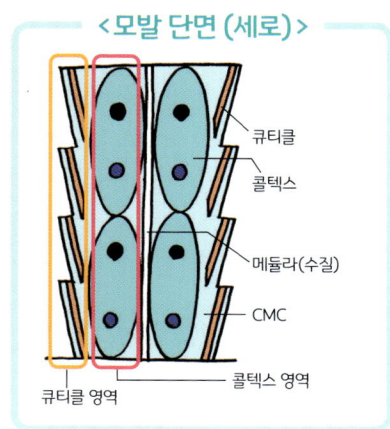

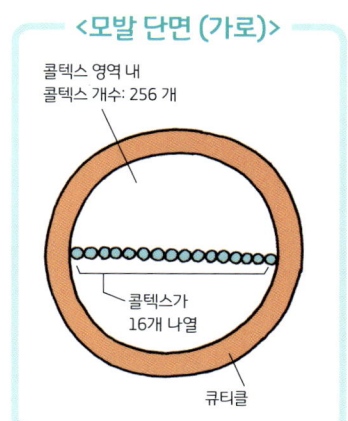

모발 내부 콜텍스 영역

콜텍스 영역은 콜텍스와 콜텍스를 접착시키는 CMC부터이다. 콜텍스영역은 모발 전체 85~90%를 차지하고 모발의 수분을 유지하고 강도와 탄력, 모발 색상(콜텍스 내에 있는 멜라닌 색소에 따라 다르다)에 크게 영향을 준다.

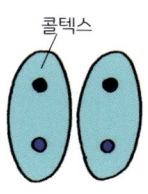

콜텍스는 모발색을 결정하는 멜라닌 색소와 모발내의 수분을 일정하게 보호하는 NMF(천연보습인자)를 유지.

\<CMC\>
CMC는 큐티클 사이, 큐티클·콜텍스 사이, 콜텍스 사이에 존재하고 근접해 있는 세포를 접착하는 역할을 한다. 물과 약제의 통로이기도 하다.

기능이 잘 알려져 있지 않은 중심 부위 메듈라 영역

메듈라 영역의 기능은 잘 알려져 있지 않은 부분이 많지만 모발의 투명감과 윤기, 모발의 색에 영향을 준다.

모발 보호한다 큐티클 영역

큐티클 영역은 큐티클과 큐티클을 접착하는 CMC부터이다. 큐티클 영역만으로 모발 전체의 10~15%를 차지하고 모발의 윤기와 촉감, 단단함에 크게 영향을 끼친다. 또 브러싱 등의 물리적 자극 및 물과 약제 등의 화학적 자극으로부터 모발 내부를 보호한다.

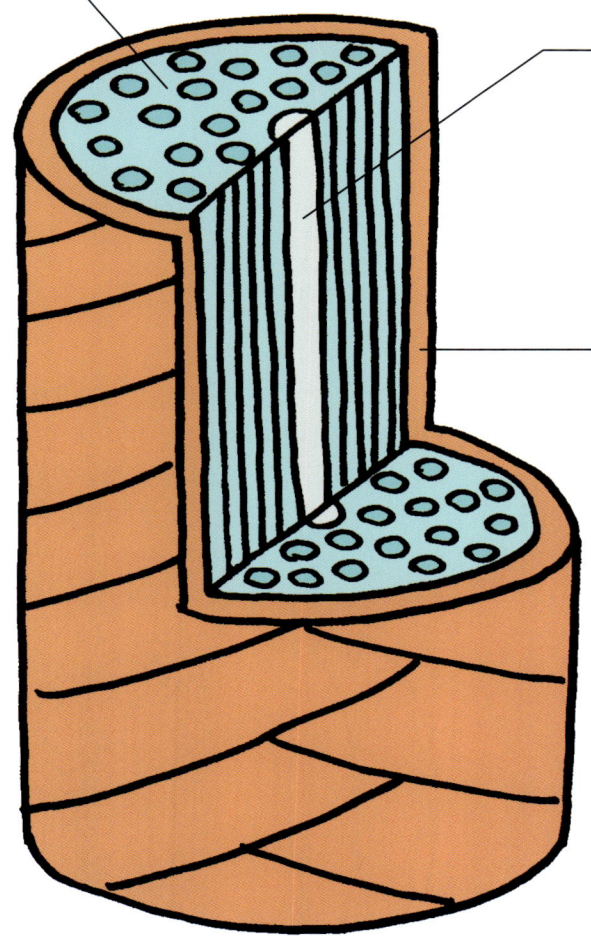

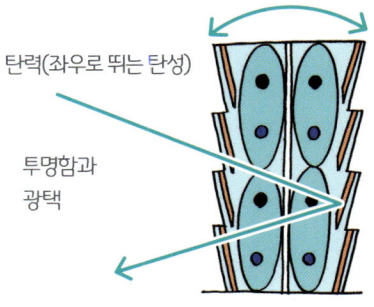

탄력(좌우로 뛰는 탄성)
투명함과 광택

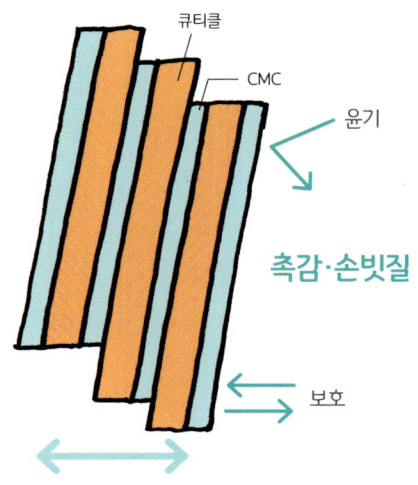

단단함 강도 겹쳐진 큐티클의 수량
경모: 7~10장 / 연모: 3~5장

CHECK! 외워두자
모발 표면이 잘 정돈되어 있을 뿐만 아니라 내부 구조도 탄탄하게 채워져 있어야 모발에 강도·탄력·윤기가 생긴다!

POINT 2 큐티클 영역 상세 구조

큐티클은 외측(바깥쪽)부터 ①에피큐티클 ②A-층 ③엑소큐티클 ④엔도큐티클 ⑤inner-층 등 5층으로 되어 있다. 큐티클과 큐티클 사이에 있는 CMC는 바깥부터 ⑥lower-β층 ⑦δ층 ⑧ upper-β층 3개 층으로 구성. 그리고 ⑧upper-β층은 다음 큐티클의 ①에피큐티클을 모두 덮고 있고 다른 CMC ⑥⑦과 완전하게 겹쳐져 있지는 않다. 각 층의 특징은 다음 페이지를 참조.

<큐티클 크기>

① 에피큐티클
② A-층
③ 엑소큐티클
④ 엔도큐티클
⑤ inner-층
⑥ lower-β층
⑦ δ층(델타층)
⑧ upper-β층

50~100μm
모발 외측 1/2~1/3
0.5~1μm

1μm(마이크로미터)=0.001mm
1nm(나노미터)=0.001μm
CMC두께: 40~60nm 물이 지나는 길: 0.5~1nm

POINT 3 콜텍스 영역 상세 구조

콜텍스는 한 개에서 수십 개의 매크로피브릴이 모여 만들어져 있다. 매크로피브릴 사이에는 친수성이 높은 비케라틴 단백질이 존재하고 멜라닌 색소와 NMF(천연 보습인자)가 포함되어 있다. 매크로피브릴은 한 개에서 수십 개의 마이크로피브릴과 매트릭스로 되어 있고 마이크로피브릴은 8개의 프로토피브릴의 집합체. 프로토 피브릴은 4개의 피브릴이 모여 만들어졌다. 즉 매크로피브릴은 매트릭스와 피브릴로 되어 있다고 외워두자.

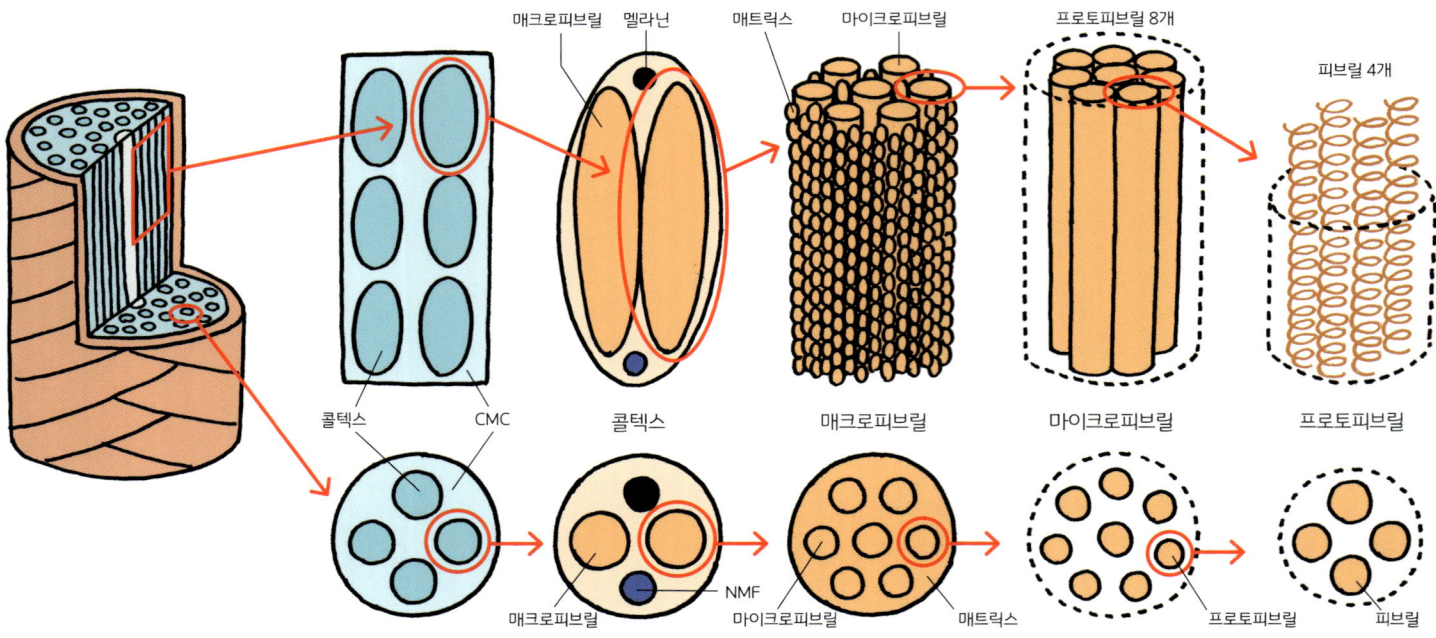

POINT 4 메듈라 영역 상세 구조

메듈라는 한 사람의 모발에도 각각 상태가 크게 다르며 다양하고 풍부한 구조를 갖고 있다. 모발에 따라 존재하지 않는 경우도 있고, 존재한다고 해도 큐티클과 콜텍스와 같이 반드시 연속되는 것도 아니다. 또한, 큐티클과 콜텍스와 같이 규칙적이지 않을 뿐 아니라 스펀지 형태의 케라틴이 무질서하게 존재하며 많은 공간(틈)과 자루 모양의 기포(큰 거품)를 포함한 구조로 되어 있다. 이 공간과 기포(큰 거품)의 상태도 여러 가지이며 다양한 형태로 존재한다.

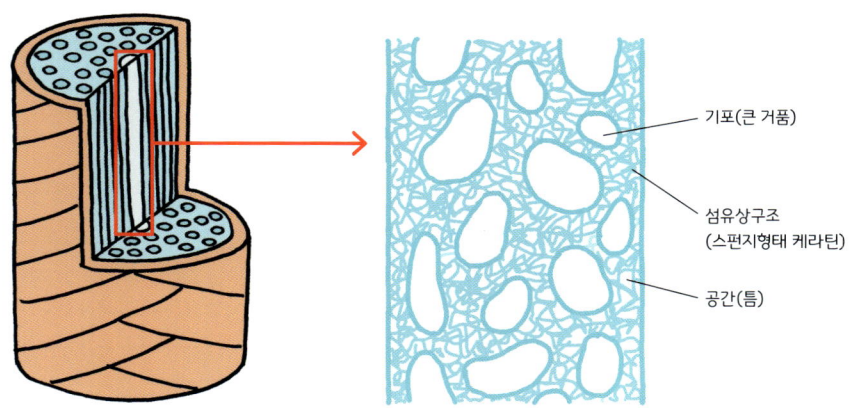

다양한 메듈라가 존재한다!

메듈라의 종류	메듈라가 없다	공간이 적다	공간이 적은 부분과 장소와 많은 장소가 섞여있다	전체적으로 공간이 많다	메듈라가 공동(구멍)
이미지					
특징	큐티클보다 내측(안쪽)은 콜텍스가 차지하고 있다. 이러한 메듈라가 없는 모발은 모발의 지름이 작은 경우가 많다.	메듈라의 공간이 적고 콜텍스와 구분하기 어렵다. 외관의 차이로 「화이트 메듈라」로 불린다.	공간의 양이 다른 블랙·화이트 양쪽 메듈라가 혼재되어 있다. 손상에 의해 공간이 더 늘어나기 쉬운 상태.	전체적으로 공간이 많다. 메듈라와 콜텍스를 명확하게 식별할 수 있고 「블랙 메듈라」로 불린다. 두꺼운 모발에서 잘 나타난다.	중심부가 완전히 공동(구멍)이 되어 있고 건강한 사람에게는 거의 볼 수 없다. 즉, 북금곰 등의 동물은 보온에 기여하고 있는 것으로 여겨진다.

모발·구조·성분·특징

구조			성분	특징
큐티클 영역	큐티클	① 에피큐티클	케라틴단백질·지방산	● 반투명막 ● 수증기와 공기는 투과·단단하고 저항력이 약하다 ● 소수성(물을 튕긴다)으로 화학약품에 저항성(내성) 있음
		② A-층	케라틴단백질 (시스틴함유량 높다)	● 일반적인 화학 약품에 저항성 있음 ● 소수성이 비교적 높다
		③ 엑소큐티클	케라틴단백질 (시스틴함유량 중간)	● 친수성이 비교적 높다 (A-층과 비교해서 소수성이 낮다) ● 퍼머제의 저항성은 낮다
		④ 엔도큐티클	케라틴단백질 (시스틴함유량 낮다)	● 산성 또는 염기성아미노산이 큐티클 중에서 가장 많고 수분을 함유하면 팽윤한다 ● 자외선에 쉽게 손상된다
		⑤ inner-층	케라틴단백질·지방산	● 퍼머제에 대한 내성은 낮다
	CMC	⑥ lower-β층	지방산	● 구멍이 비어 있는 것처럼 나열되어 있다 ● 알칼리에 의해 유출되기 쉬운 성질
		⑦ δ층(델타층)	소수성섬유질단백질 (※오른쪽란 a) 구상단백질(※오른쪽란 b) 친수성단백질(※오른쪽란 c)	● 물과 약제가 지나는 길 ● CMC 전체에는 「lower β층-a-b-c-b-a-upper β층」의 샌드위치 구조로 되어 있다
		⑧ upper-β층	지방산	● 빽빽하게 나열되어 있다 ● 알칼리에 의해 유출되기 쉬운 성질 ● 소수성
콜텍스 영역	콜텍스	매크로 피브릴	피브릴	α-케라틴단백질 (분자량 50,000~80,000)	● 결정형 (α-헬릭스 구조·나선 계단형) ● 매우 안정된 구조
			매트릭스	γ-케라틴단백질 (분자량 10,000~22,000) (시스틴함유량 높다)	● 비정형 (랜덤 코일형태·실밥을 손으로 둥글게 뭉친듯한 상태) ● 수분으로 팽윤된다
		매크로 피브릴사이	멜라닌색소	유멜라닌 (흑~갈색) 페오멜라닌(적갈색~황색)	● 모발 색
			NMF	아미노산· 피롤리돈카복실산· 폴리펩티드 등	● 보습성이 있다
			단백질	비케라틴단백질	● 친수성이 높다
	CMC	β층		지방산·세라마이드· 콜레스테롤(CMC 지질)	● 알칼리에 의해 유출되기 쉬운 성질
		δ층		소수성섬유질 단백질(※오른쪽란 a) 구상단백질(※오른쪽란 b) 친수성단백질(※오른쪽란 c)	● 물과 약제가 지나는 통로 ● CMC 전체에는 「β층-a-b-c-b-a-β층」의 샌드위치 구조로 되어 있다
메듈라				비케라틴단백질	● 산성 아미노산이 많다

모발의 성분

원래 머리카락은 어떤 성분으로 되어 있을까?

다음으로 모발 성분에 관해서 배워보겠습니다.
트리트먼트를 고객에게 추천할 때 알아두면 시술 내용에도 자신이 생깁니다.

이럴 때 알아 두면 좋은 지식은 이것!

POINT 1 모발 성분의 구조

POINT 2 케라틴단백질과 비케라틴단백질

POINT 3 모발의 등전점

POINT 4 그 외의 성분

POINT 1 모발 성분의 구조

우선은 모발 성분의 구조를 알아보자. 모발은 대부분이 케라틴단백질과 비케라틴단백질로 되어 있고 나머지 부분이 CMC지질(지방산, 세라마이드, 콜레스테롤), 수분, 멜라닌 색소, NMF 등. 전체의 80%는 단백질(케라틴단백질과 비케라틴단백질)로 되어 있다. 또 각 성분에는 아래 표와 같이 각각의 역할이 있기 때문에 확실하게 외워 두자.

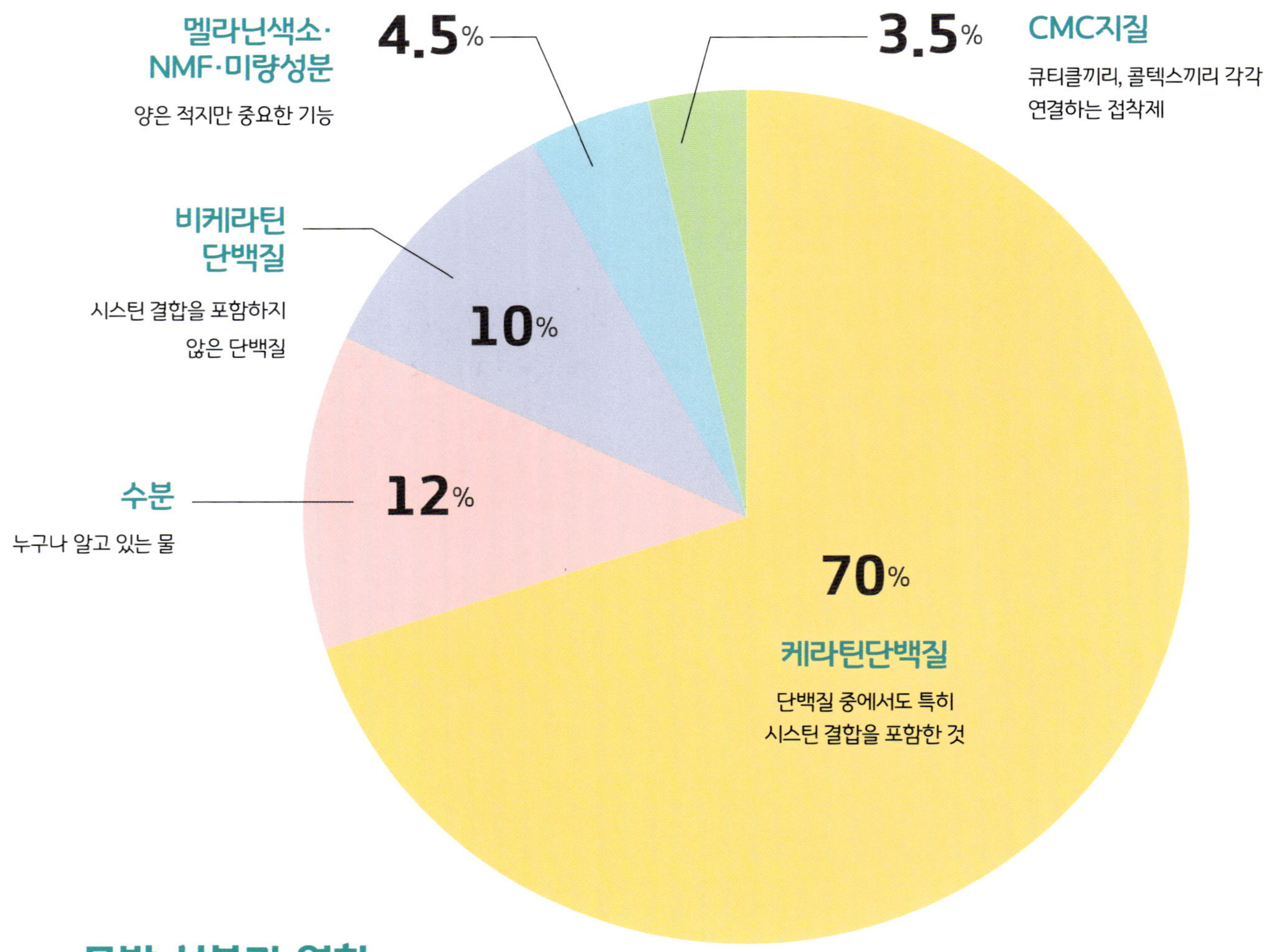

멜라닌색소·NMF·미량성분 4.5%
양은 적지만 중요한 기능

CMC지질 3.5%
큐티클끼리, 콜텍스끼리 각각 연결하는 접착제

비케라틴 단백질 10%
시스틴 결합을 포함하지 않은 단백질

수분 12%
누구나 알고 있는 물

케라틴단백질 70%
단백질 중에서도 특히 시스틴 결합을 포함한 것

모발 성분과 역할

	윤기	단단함(경도)	보호	강도	수분유지	투명함	탄력(휘는힘)
케라틴 단백질·비케라틴단백질	★	★	★	★	★	★	★
CMC지질			★		★	★	★
멜라닌 색소						★	
NMF					★	★	★

각 모발 성분과 역할은 왼쪽 표와 같다. 케라틴단백질과 비케라틴단백질, CMC지질이 모발의 아름다움에 크게 관여되어 있는 것을 알 수 있다. 현재 유행하고 있는 헤어케어 아이템은 각 모발 성분의 역할을 서포트하는 것이다.

CHECK! 외워두자
모발의 80%는 단백질!

POINT 2 케라틴단백질과 비케라틴 단백질

전 페이지에서 설명한 대로 모발 하나의 80%는 단백질로 되어 있다. 그럼, 단백질이란 무엇인가.
단백질이란 산과 알칼리 양쪽의 성질을 가진 아미노산이 70개 이상 이어진 것을 의미한다. 이 아미노산에는 전부 18종류가 있지만 시스틴을 포함한 것을 케라틴단백질이라고 부른다. 그리고 시스틴을 포함하지 않은 것을 비케라틴단백질이라고 한다.

아미노산의 종류

R — 아미노산의 종류에 따라 바뀐다. (전체 18종류)

NH_2 (아미노기) — C (탄소) — COOH (카르복실기)
|
H (수소)

아미노산은 18종류

아미노산의 분자 기호는 왼쪽과 같다. R에 오는 원소는 전부 18종류이고 어떤 원소가 와도 명칭만 다를 뿐 아미노산인 것에 변화는 없다.

R=알라닌, 글리신, 세린, 시스틴, 아스파라긴, 발린, 글루타민, 트레오닌, 트립토판, 루신, 티로신, 아르기닌, 이소루신, 리신, 페닐알라닌, 히스티딘, 메티오닌, 프롤린

케라틴 단백질이란?

아미노산이 70개 이상 이어진 것으로 그 중에서 하나라도 「시스틴」을 포함하고 있는 것을 케라틴단백질이라 부른다. 케라틴단백질은 큐티클, 콜텍스, CMC를 구성하는 요소로 존재한다.

폴리펩타이드 (PPT)

앞에서 나열된 아미노산끼리 수개~70개 결합한 것을 폴리펩타이드(PPT)라고 부른다. 즉 「펩타이드」란 아미노산끼리의 결합 방법 중 하나이다.

(PPT)

단백질

폴리펩타이드(PPT)가 연결되면서 단백질이 된다.

주쇄결합과 측쇄결합

아미노산은 지금까지 설명한 세로방향으로 이어지는 주쇄결합과 가로방향으로 이어지는 측쇄결합으로 연결되어 있다. 세로방향은 펩타이드결합에 의해서, 가로방향은 시스틴결합, 염결합, 수소결합 등 세 가지 방식에 의해 연결된다.

← 측쇄결합 → 절단 가능한 가로 연결.
시스틴결합, 수소결합, 염결합
매우 강한 연결로 모발의 섬유를 만든다
세로방향의
주쇄결합
펩타이드 결합

CHECK! 아미노산 결합의 종류

● **펩타이드결합(CO-NH결합)** ···주쇄결합
알칼리성 과산화수소, 강산, 강알칼리에 의해 절단된다.

● **시스틴결합(S-S결합)** ···측쇄결합
퍼머의 1제로 절단되고 2제로 재결합한다.

● **수소결합(C=O···NH결합)** ···측쇄결합
물에 의해 절단되고 건조에 의해 재결합한다. 자고 일어났을 때 흐트러진 모발이 물에 의해 회복되는 것은 수소결합 때문.

● **염결합(NH_3^+···^-OOC결합)** ···측쇄결합
등전점을 벗어나면 절단되고 등전점으로 돌아오면 재결합한다. 등전점일 때의 결합이 가장 강하다. 알칼리에서 모발이 팽윤하는 것은 이 염결합이 절단되기 때문.

POINT 3 모발의 등전점

모발의 등전점은 모발내의 단백질 결합이 주쇄·측쇄 모두 안정되는 pH수치(산성 알칼리성 정도를 나타내는 수치)로서, 결합이 가장 안정된 상태이기 때문에 모발이 안정된 상태가 된다. 모발의 등전점은 pH4.5~5.5(약산성). 알칼리의 힘을 사용해서 염결합을 절단하고 모발을 팽윤시키는 퍼머와 헤어컬러의 시술 후에 약산성의 린스를 사용하는 것은 알칼리로 치우쳐진 모발내의 pH를 등전점에 가깝게 해서 모발의 상태를 안정시키는 것이 목적.

모발의 등전점은 pH4.5 ~ 5.5!
자주 나오는 숫자이기 때문에 반드시 외워두자.

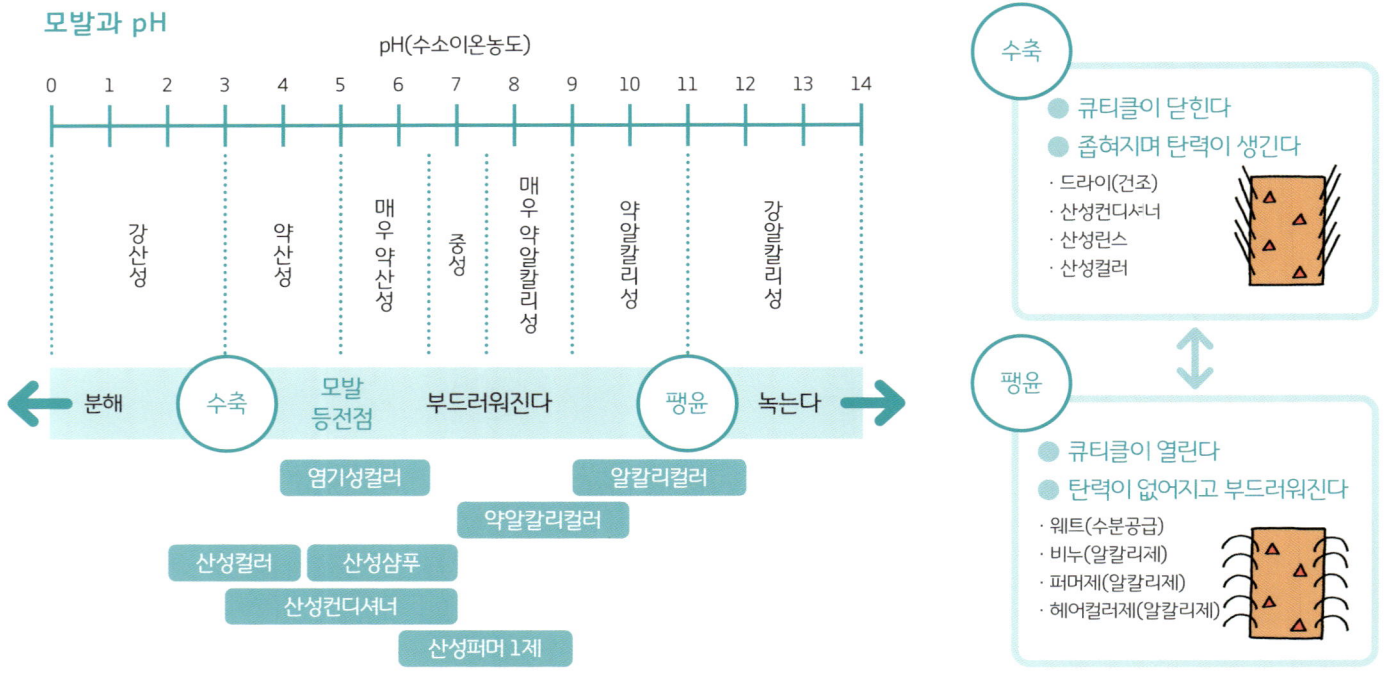

POINT 4 그 외의 성분

모발 성분에 관해서 단백질을 중심으로 해설했는데 그 이외의 성분을 여기에서 소개한다.

멜라닌 색소
피부와 모발 등에 포함된 황색~적색~흑색의 과립상의 색소로 콜텍스 내의 매크로피브릴 사이에 존재한다.

NMF
천연보습인자(Natural Moisturizing Factor)의 약자. NMF는 콜텍스 내의 마이크로피프릴 사이에 존재하고 모발 속 수분을 일정하게 유지한다.

수분
모발은 보통 건조된 상태에서 12% 정도의 수분을 포함하고 있지만 이 중에는 200℃ 이상의 열로 모발에서 증발하는 「결합수」를 포함하고 있다.
이 외에 습도의 영향을 받는 「자유수」, 웨트 상태에서 모발이 흡수하고 있는 「흡착수」가 있다.

CMC지질
큐티클과 콜텍스 사이에 존재. 큐티클끼리와 콜텍스끼리를 연결하고, 외부 자극으로부터 모발을 보호하며 모발 성분의 유출을 방지해 수분을 유지하는 기능도 있다. 전처리제와 트리트먼트제에는 이 CMC지질과 같은 기능을 하는 성분이 배합된 것이 많다.

미량 성분
모발에 포함된 아주 미량의 성분이 체내의 정보를 반영하고 있다는 점에서 의료와 연구 면에서 주목받고 있다. 예를 들면, 중~장기 스트레스 지표로 「코르티솔」과 질병의 조기 발견 지표로서의 「칼슘」등. 모발은 채취가 용이하고 위치에 따라 자란 시기를 알 수 있기 때문에 과거의 생체 정보를 축적하는 성질이 있다는 것을 알 수 있다.

곱슬모

곱슬모의 원인은 무엇일까?

여기에서는 모발의 곱슬에 관해서 해설하겠습니다.
곱슬에 대응한 커트, 퍼머, 헤어컬러를 하기 위해서 곱슬모에 대한 기본 지식을 마스터합시다.

POINT 1~3
❶ ○○씨는 예쁜 직모이네요!
습도가 높아지면 구불거려요.

메리는 카운셀링에서 모발의 겉모습 만을 보고 직모라고 판단했지만 고객은 그게 아니라고 한다.

POINT 4
❷ 정말 구불거리네. 왜 습도가 높아지면 모발이 구불거리는 걸까?

메리는 곱슬이 생기는 구조에 관해서 알고 싶어졌다.

이럴 때 알아 두면 좋은 지식은 이것!

POINT 1 곱슬모의 원인
POINT 2 곱슬모의 종류
POINT 3 곱슬모의 실제
POINT 4 곱슬모와 수분

곱슬모는 고객의 고민 중에서도 탑에 들어가는 항목. 잘 배워둡시다!

POINT 1 곱슬모의 원인

모발이 성장하는 부분인 「모구」가 「찌그러짐」「뒤틀림」「작음」 등으로 변형되어 모발 단면이 타원형과 뒤틀린 형태로 되어 곱슬모가 된다.

또, 모발 내부구조가 치우치는 것도 곱슬모의 원인 중 하나. 모발에는 콜텍스세포가 쌓여 있지만 곱슬의 경우, 곱슬의 내측에는 콜텍스 세포가 평행하게 모여있는 것에 비해 곱슬의 외측에는 스파이럴 형태로 비틀어진 상태에서 쌓여 있다. 이 치우쳐짐으로 구불거림이 생긴다. 타고난 성질 이외에도 노화와 손상 등에 의해 곱슬이 생기거나 강해지기도 한다.

요인 ①

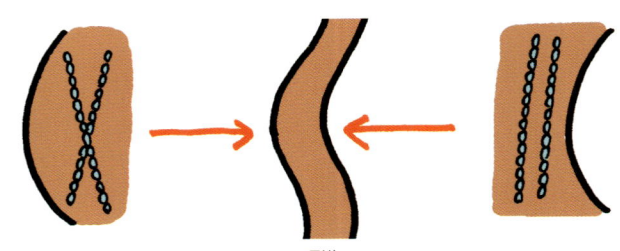

곱슬의 외측
콜텍스가 치우쳐 지거나 비뚤어진 상태로 나열되어 있다. 시스틴이 작고 산성아미노산이 많기 때문에 습기에 의한 영향을 쉽게 받는다.

곱슬의 내측
콜텍스가 모발의 세로 축에서 평행으로 나열되어 있다. 시스틴을 많이 포함하는 단백질로 되어 있어 단단하다. 수분을 잘 흡수하기 어려운 특징으로 습기에 의한 영향을 잘 받지 않는다.

| 모구가「찌그러짐」「뒤틀림」「작음」 | 모발이 경화 과정에서 타원형으로 변형되어 있어 모발 단면이 타원형이 된다. 모경지수…직모 100(모발 장경과 단경의 비율로, 수치가 적을수록 타원이 크다.) ■ 동양인: 75~85 ■ 흑인: 50~60 ■ 백인: 62~72 |

요인 ②

| 노화 | 탄력이 약해짐에 따라 |
| 손상 | 직모 ⇒ 곱슬이 생긴다. 곱슬모 ⇒ 곱슬이 강해진다. |

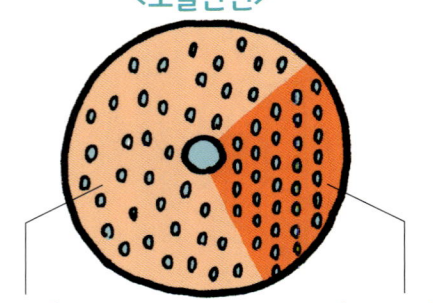

<모발단면>

곱슬의 외측
친수성이 높은 콜텍스가 많이 채워져 있다.

곱슬의 내측
소수성이 높은 콜텍스가 많이 채워져 있다.

POINT 2 곱슬모의 종류

곱슬모는 기본적으로 선천적(유전적)으로 직모가 아닌 모발을 말한다. 곱슬모는 주로 「파상모」「염전모」「연주모」「축모」 4종류로 나눌 수 있다. 하나의 모발에도 파상모와 염전모가 혼재되어 있거나 전체적으로는 직모여도 부분적으로 파상모가 존재하는 등 그 상태는 다양하다.

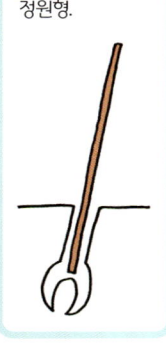
직모
표면이 매끄러운 둥근 면으로 단면이 정원형.

파상모
크게 구불거리거나 하늘하늘 굽이친다. 단면은 타원형.

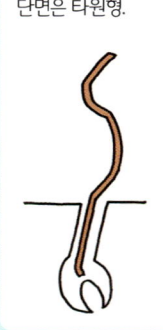
염전모
코일 형태로 뒤틀린 형태. 모발의 두께가 일정하지 않고 패인 느낌이 있다.

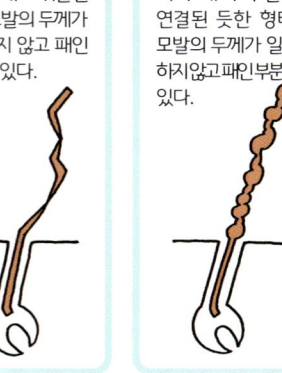
연주모
여러 개의 구슬이 연결된 듯한 형태. 모발의 두께가 일정하지 않고 패인 부분이 있다.

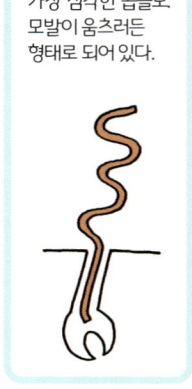
축모
가장 심각한 곱슬모. 모발이 움츠러든 형태로 되어 있다.

동양인과 곱슬모

부모	태어나는 아이
직모 x 직모	직모 97%
직모 x 파상모	직모 70% / 파상모 29%
직모 x 축모	직모 60% / 축모 24%
파상모 x 파상모	파상모 86% / 직모 14%

POINT 3 곱슬모의 실제

살롱워크에서 실제로 촉감을 느껴보면 「곱슬모」는 형태·성질이 다른 4종류의 곱슬이 다양하게 섞여있는 상태. 마른 상태에서는 똑같아 보이는 곱슬모도 서로 성질이 다른데, 「적셔도 곱슬이 약해지지 않는다」, 「끊어지는 모발이 많다」경우는 곱슬이 더욱 강한 상태이다. 아래 표는 5mm 이하 두께의 모발 패널을 물스프레이 후 빗질 하였을 때 나오는 컬의 모양이다.

곱슬 타입	1	2	3	4	5
약 20cm 길이의 꼬리빗으로 체크. 한 패널의 두께는 5mm 이하					
특징	• 구불거리는 곱슬이 있고 샴푸 후에 곧아진다. • 모발 한 개의 매끄러움은 좋고, 까칠까칠하지 않다. • 습도가 높으면 구불거린다.	• 샴푸 후 곱슬이 남는 일이 많다. • 모발 하나의 매끄러짐이 나쁜 부분이 많다. • 습도가 높으면 부푼다. • 가장 많은 곱슬 타입	• 곱슬이 강하다. • 블로우 등 스타일링이 힘들다. • 샴푸 후 곱슬이 남는다. • 손질이 어렵다.	• 곱슬이 꽤 강하다. • 스트레이트를 하지 않으면 억제가 잘 되지 않는다. • 끊어지는 모발이 많다.	• 곱슬이 꽤 강하다. • 신생부에 잘리는 모발이 많다.
파상모	대부분이 파상모	조금 있다.	조금 있다.		
염전모	약한 염전모가 섞여 있다.	강한 염전모가 많다.	강한 염전모가 많다.		
연주모			섞여있는 것이 있다.	섞여있는 것이 있다.	섞여있는 것이 있다.
축모			섞여있는 것이 있다.	조금 있다.	많다.

POINT 4 곱슬모의 수분

곱슬모와 수분의 관계는 크게 3 종류로 나눌 수 있다.
• 습도가 높을 때와 물에 젖었을 때 곱슬이 생기는 「시스틴결합의 영향이 큰 곱슬」
• 건조되었을 때 곱슬이 생기는 「수소결합의 영향이 큰 곱슬」
• 습도가 높을 때와 웨트 시의 곱슬이 드라이할 때에 더욱 강해지는 「시스틴결합과 수소결합 양쪽 모두 영향을 받는 곱슬」

곱슬모 타입	드라이 시	습도가 높을 때	웨트 시
건조시에 곱슬이 펴지고 웨트시에 곱슬이 생긴다. = 시스틴결합의 영향이 큰 곱슬	시스틴결합의 영향보다도 수소결합의 영향이 강하고 건조 상태에서비교적 곱슬이 펴진다.	습기에 의해 수소 결합의 일부분이 절단되고 수소결합의 영향이 감소함으로써 시스틴결합의 영향이 강해지고 곱슬이 생긴다.	웨트로 하면 수소 결합이 더 절단되어 수소결합의 영향이 감소. 시스틴 결합의 영향이 강해지고 곱슬이 강해진다.
웨트시에 곱슬이 펴지고 건조 시에 곱슬이 생긴다. = 수소결합의 영향이 큰 곱슬	수소결합의 영향이 시스틴결합의 영향 보다 강하기 때문에 건조 상태에서 곱슬이 생긴다.	습기에 의해 수소 결합의 일부분이 절단되고 수소결합의 영향이 저하. 시스틴결합의 영향쪽이 강해지고 곱슬이 약해진다.	웨트로 하면 수소 결합이 더 절단되어 수소결합의 영향이 더 약해진다. 또한 시스틴결합의 영향이 강해지고 곱슬이 펴진다.
웨트시 생기는 곱슬이 건조시에 더욱 강해진다. = 시스틴결합과 수소결합의 양쪽 모두 영향을 받는 곱슬	시스틴결합과 수소 결합의 영향이 생겨 곱슬이 더 강해진다.	습기에 의해 수소 결합의 일부분이 절단되고 수소 결합의 영향이 약해지지만 시스틴결합의 영향으로 곱슬이 생긴다.	웨트로 하면 수소 결합이 더 절단되고 수소결합의 영향이 더 약해지지만 시스틴결합의 영향으로 곱슬이 강해진다.

> **CHECK! 외워두자**
> 곱슬모는 선천적인 것뿐 아니라 다양한 원인으로 강해진다!

제1장은 모발과학을 공부할 때 절대 빼놓을 수 없는 모발 구조와 성분에 대한 기본 지식을 주로 배워 보았습니다. 이 책에서 중요한 키워드가 많이 있었는데 꼭 마스터합시다. 제2장도 계속해서 기본 지식인 「모발 손상」을 중심으로 배워 보겠습니다.

제1장 모발 과학 마스터로의 길
복습 테스트

아래의 2가지 질문에 관해서 각각 답해주세요.

● 모발은 3 가지 영역으로 되어 있습니다. 각층의 명칭을 모두 답해주세요.

● 케라틴단백질과 비케라틴단백질의 차이에 관해서 답해주세요.

고객이 물으면 이렇게 대답하자!
[제1장 살롱워크에서 사용할 수 있는 스탠바이 코멘트집]

Q. 모발은 1개월에 몇 cm 정도 자라나요?
평균 1cm 자랍니다. 또 모발의 수명은 여성은 4~6년, 남성은 3~5년으로 하루에 평균 50~60개가 자연 탈모됩니다.

Q. 손빗질과 윤기가 나빠지는 것은 왜?
모발이 건강하지 않으면 손빗질과 윤기가 나빠집니다. 모발은 큐티클이라고 불리는 얇은 막으로 감싸져 있습니다. 그 큐티클이 손상이 되어 내용 성분이 유출되면 손빗질과 윤기가 사라집니다.

Q. 모발이 왜 자랄까?
모발이 자라는 이유로는 기본적으로는 「사람의 신체 자체를 보호한다」입니다. 태양의 자외선을 막아주거나 충격을 흡수하고 체내의 노폐물(금속)을 체외로 배출해 주는 등 다양한 역할이 있습니다.

Q. 모발은 어떤 성분으로 되어 있나요?
모발은 80%는 단백질로 되어 있습니다. 그밖에 모발의 색을 결정하는 멜라닌 색소와 모발의 유분성분이 되는 CMC지질, 수분 등이 포함되어 있습니다.

Q. 곱슬모의 원인은?
모발에 곱슬이 생기는 것은, 모발이 올라오는 모구가 비뚤어지거나 뒤틀리거나 하는 것이 원인으로, 유전적인 요소가 강하다고 할 수 있습니다. 또 모발 속에 수분을 흡수하기 쉬운 부분과 어려운 부분이 치우쳐져 있으면 습기에 의해 곱슬이 강허집니다. 노화와 함께 곱슬이 강해지는 케이스도 많습니다.

제2장

카운셀링에서 차이가 생긴다

모발 기본 지식 ②

제1장에 이어 모발의 기본 지식이 되는 손상과 에이징(노화에 의한 머릿결 변화), 탈모에 관해서 배워보겠습니다. 모든 테마가 현대 여성이라면 누구나 갖고 있을 만한 모발 고민에 직결되는 문제입니다! 카운셀링에서 정확한 모발 진단을 진행하고 고객의 신뢰를 얻어봅시다.

모발의 기본 지식

살롱워크 측면에서 배우는 제2장의 주제들

카운셀링을 할 때 고객과의 대화를 시작하는 지점에서 모발의 기본 지식을 배워보겠습니다.
평소 살롱워크에서 고객과의 대화 중에도 모발과학은 연관되어 있습니다.

STEP.1 ⇩ p.28로 — 모발이 손상되는 원인은?

모발을 손상시키는 원인을 알아보자.

STEP.2 ⇩ p.30으로 — 손상 레벨은 무엇?

손상정도를 나타내는 손상레벨을 알아보자.

STEP.3 ⇩ p.32로 — 손상은 복잡하다?

다양한 원인이 겹쳐진 손상을 알아보자.

STEP.4 ⇩ p.34로 — 노화로 모발은 어떻게 변화하나?

노화에 의한 모발의 변화를 알아보자.

STEP.5 ⇩ p.40으로 — 탈모에는 어떤 종류가 있나?

부자연스러운 탈모에 관해서 알아보자.

[준비체조] 제2장의 스트레칭

정확한 손상 진단을 진행하자!

살롱워크에서 정확한 모발 진단을 해야 모발과학은 「사용할 수 있는 지식」이 됩니다.
여기에서는 손상 레벨을 가늠하기 위한 일반적인 방법을 소개!

보고 확인
신생부의 건강한 모발과 비교해서 반짝이는 윤기는 있는지, 하얗게 바래지지 않았는지 등을 확인한다.

만져서 확인
드라이한 상태의 모발을 만졌을 때, 촉촉하고 무겁게 느껴지는 것이 건강모, 푸석이고 따뜻하게 느껴지는 것이 손상모. 또 웨트시에 모발을 당겨보는 체크 방법도 있다. 건강모를 당기면 보통 1.5배 정도까지 길어지지만 손상되어 있으면 고무줄과 같이 늘어나거나 도중에 잘린다.

묻고 확인
고객에게 머리 손질은 어떤지, 촉감에 관해서 물어보는 것도 중요. 퍼머, 헤어컬러, 스트레이트 등 시술 이력에 관해서도 묻고 손상 진단에 참고한다.

살롱 내에서 손상 레벨을 통일! 15미리 롯드로 재는 방법

손상 진단은 미용사의 감각에 따라 다르기 때문에 판단에 차이가 생긴다. 그래서 손상 레벨을 쉽게 확인할 수 있는 방법을 소개.
1분간 따뜻한 물로 적신 모발 하나를 15미리 롯드로 말고 드라이어로 건조. 그 후 모발을 롯드에서 빼고 완성된 컬의 크기로 손상 레벨을 판단하는 것. 손상이 적을수록 모발이 물을 흡수하지 않고 탄력이 있기 때문에 만들어진 컬은 크다.
반대로 손상이 진행될수록 모발이 물을 흡수해서 탄력이 없어지기 때문에 컬이 작아진다.

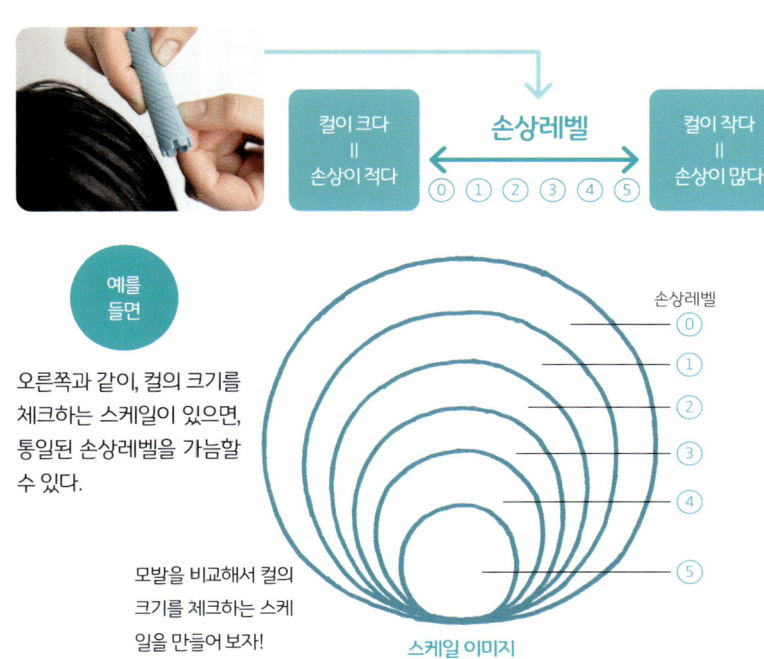

건강모의 소수성에 근거한 체크 방법!

모발 손상

모발이 손상되는 원인을 고객에게 설명할 수 있나요?

모발이 손상되는 원인에 관해 소개하겠습니다.
완전한 건강모를 가진 고객이 적어진 요즘, 꼭 알아두었으면 하는 항목입니다.

1
"음, 모발 끝이 엉켜서 어려울 때가 있었어요."
"댁에서 모발은 다루기 쉬웠나요?"

다시 미용실을 방문해 주신 고객의 사전 카운셀링에서 모발이 다루기 쉬웠는지 묻는 메리씨.

2
"매일 밤 샴푸와 트리트먼트를 하는데… 왜 손상되는 걸까요?"

고객은 모발을 손상시키는 원인을 아직 짐작하지 못하고 있는 것 같다.

3
"모발이 손상되는 원인은 크게 4가지로 나뉘어요. 샴푸 방법이 잘못돼서 손상이 되는 경우도 있는데 샴푸 시 「마찰」에 의해 큐티클이 벗겨질 가능성이 있어요. 그 외에는…"

"예~~! 모발이 여러 가지 원인으로 손상되는구나. 더 자세하게 알려주세요."

고객은 모발의 손상 원인에 대한 설명에 흥미진진. 신뢰를 얻을 수 있는 찬스!

1 POINT

이럴 때 알아 두면 좋은 지식은 이것!

모발 손상의 원인

POINT 1 — 모발 손상의 요인

모발 손상이란 큐티클이 벗겨져 떨어지거나 콜텍스 내부의 간충 물질이 유실되는 것으로, 원래의 소수성(물을 튕기는 성질)이 높은 모발이 친수성으로 바뀌고 탄력·단단함 등을 잃어버리는 현상. 외부환경에 의한 자극이 더해지고 퍼머와 헤어컬러, 스타일링제 등의 화학적인 자극, 열과 마찰 등의 물리적인 자극에 의해 모발은 손상을 받는다.

모발 손상의 4분류
- 젖은 모발에 마찰로 인한 손상
- 과도한 시술에 의한 손상
- 환경 등에 의한 손상
- 열에 의한 손상

젖은 모발에 대한 마찰 손상

● **빗질**
물에 젖어 팽윤해서 큐티클이 열린 모발에 텐션을 주어 빗질하면 큐티클이 벗겨져 떨어지는 등 쉽게 손상받는다.

● **샴푸**
샴푸 시 거품 마사지 등의 물리적인 마찰이 더해지면 샴푸제의 종류에 따라 건강모도 손상받는다. CMC지질이 유실된 모발의 경우에는 특별히 주의가 필요.

● **타올 드라이**
타올 드라이 시 과도한 마찰로 큐티클이 손상을 받는다.

환경 등에 의한 손상

● **자외선**
콜텍스 내의 멜라닌과 단백질에 나쁜 영향을 준다.

● **스트레스**
스트레스와 수면 부족 등은 모구의 기능 저하로 이어진다. 또 스트레스에 의해 혈류가 나빠지면 모발에 영양분이 공급되지 않아 건강한 모발로 자라지 않는다.

● **식생활**
아미노산을 포함한 단백질과 비타민, 미네랄의 섭취가 부족하면 모발이 광택을 잃고 가늘어지며 결국 빠져버린다.

과도한 시술에 의한 손상

● **컷트 불량**
가윗날이 무딘 가위 또는 잘 잘리지 않는 Razor로 커트하거나 커트 기술의 불량으로 큐티클을 훼손시키면 그 절단면과 틈으로 콜텍스의 수분이 유실되거나 약제가 과도하게 침투할 수 있는 상태가 돼서 모발 끝이 갈라지거나 끊어지는 모발이 발생한다.

● **과도한 헤어컬러**
헤어컬러(알칼리제)에 의한 손상은 모발의 표면에 위치한 큐티클 영역에 영향이 비교적 크다. 또 시술 후에 모발에 과산화수소가 잔류하고 있는 경우 멜라닌 색소의 분해와 유출이 진행된다.

● **퍼머 시술 불량**
퍼머에 의한 손상은 헤어컬러에 의한 손상과 비교해서 콜텍스 영역의 영향이 크다. 모발 내부의 구조 변화를 일으켜서 내부 성분이 쉽게 유출되기 때문에 모발 강도가 약해진다.

열에 의한 손상

● **드라이어의 열**
급격한 수분 증발로 큐티클이 열리고 갈라져 버린다. 또 콜텍스에 공동이 생기기도 한다.

● **아이롱의 열**
과도한 가열에 의해 단백열변성과 내부구조의 파괴가 일어나고, 콜텍스 및 메듈라에 기포가 생기기 시작, 모발의 탄력이 사라진다. 250℃ 이상이 되면 모발은 녹는다.

> **CHECK! 외워두자**
> 모발 손상은 다양한 요인이 쌓여 일어난다!
>
> 모발이 젖어 있을 때는 특히 조심해서 다루자!

손상 레벨

흔들리지 않는 지표!
손상 레벨이란?

손상 레벨이란 모발의 손상 정도를 수치화한 것입니다. 손상 레벨에 근거한 정확한 모발 진단과 각 손상 레벨에 따른 약제 선정이 고객의 모발을 아름답게 합니다.

이럴 때 알아 두면 좋은 지식은 이것!

POINT 1 손상 레벨

POINT 2 손상 레벨과 약제 선정

POINT 1 손상 레벨

모발의 손상 레벨(손상 정도)를 정확하게 진단하고 파악하는 것은, 퍼머와 헤어컬러, 트리트먼트 등을 시술할 때 매우 중요하다. 본서에서는, 손상 정도를 손상이 적은 레벨부터 6단계(0~5레벨)로 표현. 일반적으로, 모발 손상이 진행됨에 따라 모발은 친수성이 강해져서 강도가 약해진다. 그것을 나타낸 데이터가 오른쪽의 그래프이다.

손상 레벨과 모발 강도

손상 레벨	모발 강도(kg/mm²)
0	21.3
2	20.9
3	18.7
4	17.7

손상 레벨과 팽윤 정도(친수성)

손상 레벨	팽윤 정도(%)
0	6
2	18
3	26
4	32

손상 레벨 기준

손상 레벨	0	1	2	3	4	5
전자현미경 모발 상태 사진						
일러스트로 표현한 모발의 상태						
손상 요인		시닝커트 또는 블로우 등에 의한 건조	퍼머제, 헤어컬러제의 단독 사용	퍼머제, 헤어컬러제 복합시술	퍼머제, 헤어 컬러 연용, 아이롱 스트레이트, 핫계열퍼머, 축모교정 단독	퍼머제, 헤어컬러제 복합시술+열처리, 하이 블리치, 핫계열퍼머, 축모교정 연용
모발내 성분량 - 세라미드						
모발내 성분량 - 멜라닌						
모발내 성분량 - NMF						
모발내 성분량 - PPT						
촉감·탄력	매끈매끈한 촉감	약간 뻣뻣	탄력이 약하다. 굳어 있다.	탄력이 약하고, 표면이 굳어있어 브러시가 걸린다.	뻣뻣하다. 탄력이 없다. 젖은 상태에서 당기면 많이 늘어난다.	뻣뻣해서 손이 걸린다. 젖은 상태에서 당기면 잘리는 모발이 있다.
촉촉함	물을 튀긴다. 촉촉한 수분	물을 튕긴다. 약간 건조하다.	물을 약간 흡수 건조하다.	물을 많이 흡수한다. 건조하다.	타올드라이에서도 마른 부분이 푸석푸석	타올드라이 에서도 표면이 마를수록 푸석임이 심하다.
윤기·그 외	윤기, 탄력이 있다.	윤기가 약간 나쁘다.	윤기가 약간 나쁘고 브러시가 걸린다.	갈라지는 모발이 있다.	푸석푸석, 윤기 없고 하얗게 바래있다.	갈라지는 모발, 잘리는모발이 많다.
명도 레벨 (언더 컬러)	5이하	6~9	10~13	14~16	17이상	17이상

※세라마이드…외적인 자극으로부터 모발을 보호하고 수분을 보호한다. ※멜라닌…색소 세포이며 동시에 자외선으로부터 모발을 지킨다. ※NMF…모발속 수분을 일정하게 유지한다. ※PPT…폴리펩타이드 약자. 모발의 주성분

POINT 2 손상레벨과 약제 선정

원하는 디자인을 시술하기 위해서는 손상 레벨에 따라 퍼머제와 헤어컬러제를 적절하게 사용할 필요가 있다. 활용 포인트는 퍼머제는 주로 1제의 환원제 종류와 pH, 헤어컬러제에서는 주로 1제의 pH와 알칼리도. 일반적으로 손상 레벨이 낮을수록 퍼머에서는 릿지가 오래 유지되고 헤어컬러는 색이 오래 유지된다.

손상 정도를 수치화함으로써 시술자들 간의 의사소통이 쉽다.

CHECK! 외워두자
손상 레벨이란, 손상 정도를 확인 하는 것. 확실하게 모발 진단을 하고, 적절한 약제 선정을 하자!

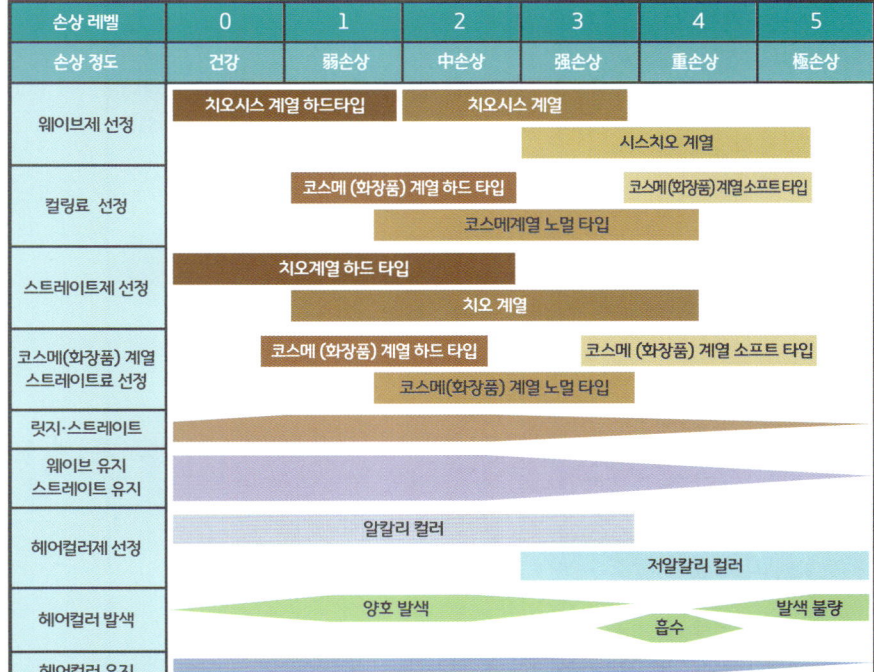

다양한 손상

복잡한 손상에 대응할 수 있나요?

다음으로 헤어컬러와 퍼머의 반복 시술로 인한 모발 손상에 관해서 배워봅시다.

이럴 때 알아 두면 좋은 지식은 이것!

POINT 1 퍼머와 헤어컬러에 의한 손상 차이

POINT 2 복합 손상

POINT 3 연쇄적인 교차 손상

POINT 1 — 퍼머와 헤어컬러에 의한 손상의 차이

퍼머와 헤어컬러에서는 손상의 종류가 다르다. 퍼머에 의한 손상은 콜텍스 영역에 발생하기 쉽고 모발강도가 저하되어 윤기가 사라지고 푸석해진다. 헤어컬러에 의한 손상은 큐티클 영역에 쉽게 발생하고, 촉감이 나빠지고 윤기가 사라진다.

CHECK! 외워두자
헤어컬러와 퍼머는 모발에 가해지는 부담이 각각 다르다! 또, 시술 후의 적절한 홈케어가 중요!

> 적절한 홈케어를 하지 않으면 모발 성분이 유출된다는 점을 전달하자!

퍼머에 의한 손상

퍼머에 의한 손상은 1제에 포함된 알칼리제 및 환원제, 2제에 포함된 산화제가 모발에 작용해서 발생하는 것. 콜텍스의 피브릴과 매트릭스의 시스틴 결합에 영향을 주는 것 외, 모발 내부에 틈이 생기고 간충 물질도 유출된다.

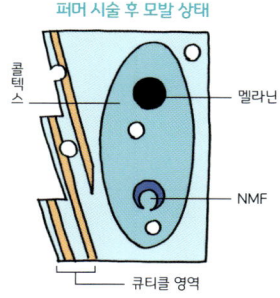

퍼머 시술 후 모발 상태 / 콜텍스 / 멜라닌 / NMF / 큐티클 영역

헤어컬러에 의한 손상

헤어컬러에 의한 손상은 1제에 포함되어 있는 알칼리제 및 2제에 포함된 H_2O_2(과산화수소)에 의한 것. 시술시 내부성분 유출은 적지만, 큐티클 영역에 손상이 크고 내부의 보호력이 저하되기 때문에 시술 후 적절한 홈케어를 하지 않으면 간충 물질이 유출된다.

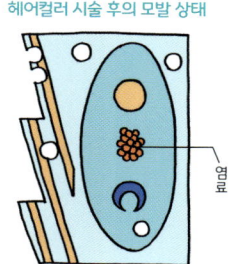

헤어컬러 시술 후의 모발 상태 / 염료

POINT 2 — 복합 손상

복합 손상이란, 특히 헤어컬러와 퍼머를 동시에 할 때 발생하는 손상이다. 반복된 헤어컬러에 의한 손상의 경우 기본적으로는 같은 종류의 손상이 쌓이지만, 헤어컬러 다음 바로 퍼머를 동시 시술 한 경우 헤어컬러에 의한 큐티클 영역이 손상되고 퍼머에 의한 콜텍스 영역의 손상이 추가되기 때문에 더욱 큰 손상을 모발에 주게 된다.

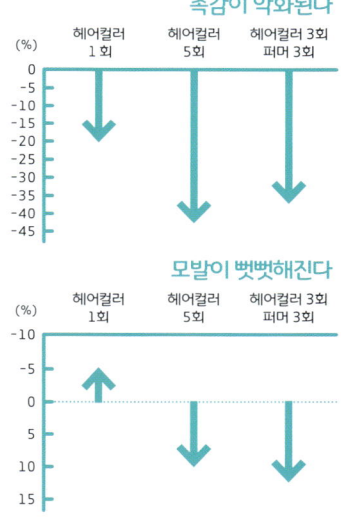

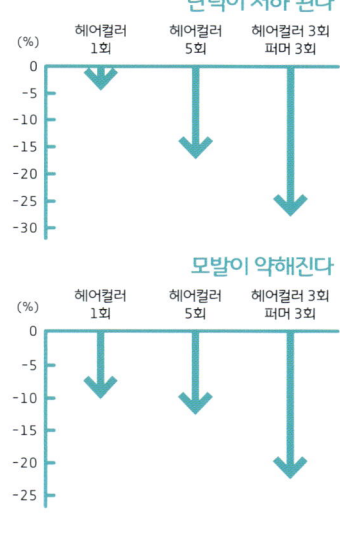

POINT 3 — 연쇄적 교차 손상

퍼머 및 헤어컬러제의 알칼리제 및 H_2O_2(과산화수소)에 의한 CMC 지질의 유출을 시작으로 샴푸 등 부적절한 홈케어에 의해 연쇄적으로 모발의 질감이 악화되는 현상. 헤어컬러 등으로 CMC 지질이 손상되면 친수화된 모발은 외부로부터의 자극에 민감해지고, 부적절한 샴푸제에 의한 내부 성분의 유출과 거품과 마사지에 의한 마찰로 손상을 받는다. 헤어컬러와 퍼머 시 CMC 지질을 서포트하는 트리트먼트를 병용하는 등의 고려가 필요하다.

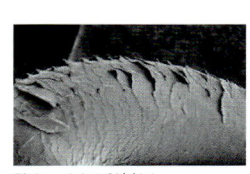

컬러X3, 퍼머 X1 연속처리

매일 샴푸와 샴푸 후에 받은 손상이 쌓이면 (2주후)

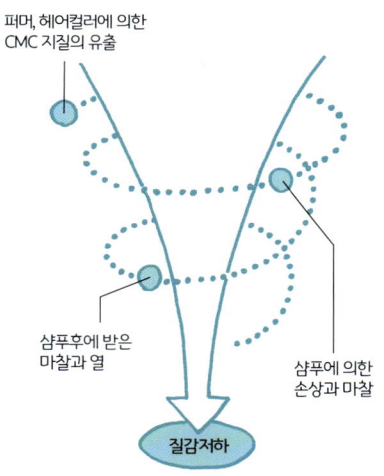

퍼머, 헤어컬러에 의한 CMC 지질의 유출 / 샴푸후에 받은 마찰과 열 / 샴푸에 의한 손상과 마찰 / 질감저하

에이징

노화가 진행되면 모발은 어떻게 변할까?

평균 연령이 50세에 가까워지는 요즘,
노화가 진행됨에 따라 발생하는 머릿결 변화에 미용사가 잘 대처하는 것이 중요합니다.

이럴 때 알아 두면 좋은 지식은 이것!

POINT 1 에이징(노화)의 종류
POINT 2 흰머리가 늘어나는 요인
POINT 3 탄력이 없어지는 요인
POINT 4 구불거림이 생기는 요인
POINT 5 촉촉함·윤기가 없어지는 요인

POINT 1 에이징(노화)의 종류

모발은 노화에 의해 모발 세포의 기능이 약해져 모발이 가늘어지고 큐티클의 숫자가 줄어 단단함이 약해진다. 또한 모발은 건조모로 변화하고 탄력도 서서히 약해진다. 그리고 젊을 때는 직모였던 모발에서 곱슬이 발생하는 경우가 있고 원래 곱슬모였던 사람은 곱슬이 강해지는 변화가 생기기도 한다. (곱슬의 종류와 실제는 22~23 페이지 참조)

〈 구불거림이 생겨 잘 정돈되지 않는다 〉

가늘게 구불거리는 곱슬이 증가

〈 흰머리가 늘어난다 〉

일반적으로 남성이 평균 34세 전후, 여성은 35세부터 시작한다.

〈 촉촉함·윤기가 사라진다 〉

모발 표면에서 유분이 사라지고 촉촉함·윤기가 없어진다.

〈 탄력·단단함이 사라진다 〉

후두부보다도 머리 정수리 부분에서 모발이 가늘어지는 일이 많다.

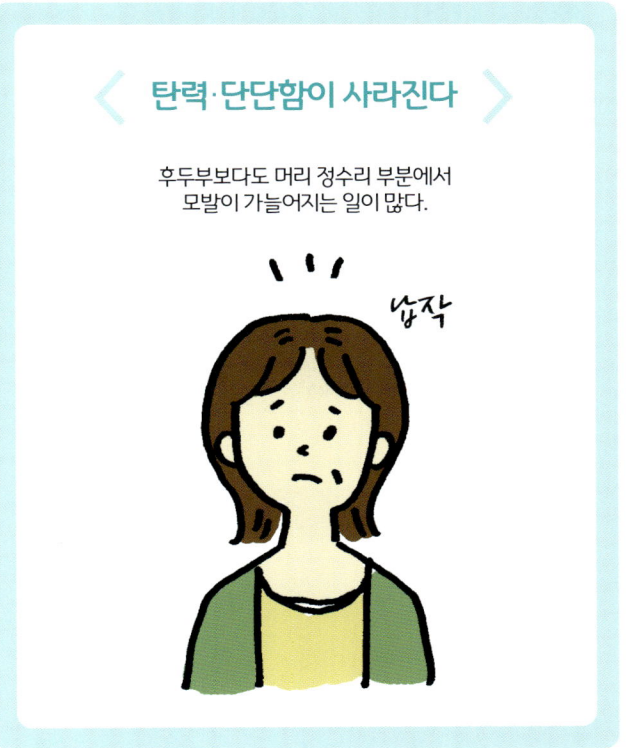

POINT 2 흰머리가 늘어나는 요인

질병
멜라노사이트는 대사를 반복해서 멜라닌 색소를 만들어 내지만 질병 등에 의해 멜라노사이트의 신진대사가 저하되고, 멜라닌 색소를 생성하는 힘이 약해진다.

유전
모발 세포에 멜라닌 색소가 잘 보내지지 않게 되어 흰머리가 되는 현상으로 유전이 그 원인이다. 특히, 흰머리 등은 유전성이 높은 것을 알 수 있다.

스트레스
흐트러진 생활습관과 대인관계에서 스트레스를 느끼면 흰머리가 늘어난다. 신체의 자율신경의 혼란으로 멜라노사이트의 신진대사가 떨어져서 발생할 수 있다.

생활습관
흐트러진 식생활과 흡연, 수면 부족 등으로 혈류가 나빠지면 모세혈관으로부터 모발로 충분한 영양이 전달되지 않아서 멜라노사이트의 활동이 저하된다.

노화에 의해 색소세포를 생성하는 멜라노사이트의 기능이 약해지거나 소실되거나 하면, 모발의 색을 결정하는 멜라닌 색소가 만들어지지 않게 되어 모발이 하얗게 된다. 왜 흰머리가 되는가(=멜라노사이트가 멜라닌 색소를 만들 수 없게 되는가)는 아직 완전하게 해명되지 않았지만, 왼쪽 4가지의 영향이라고 추측된다.

〈 대체 왜 흰머리가 되는거야? 〉

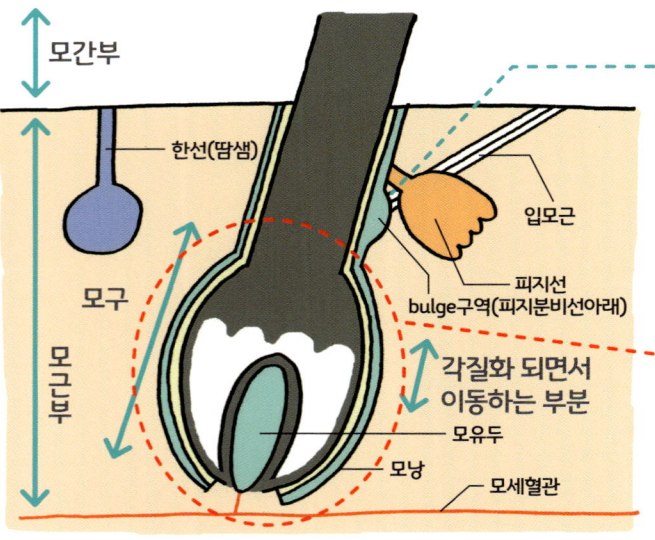

제1장(11 페이지)에서 본 것처럼 모발은 모유두에서 모모세포가 늘어나 자란다. 이때, 모모세포에 멜라노사이트에서 멜라닌 색소를 보낸 후에 모모세포가 늘어나면 모발은 색이 생긴다. 즉, 모낭간세포와 색소간세포가 모유두로 진화하면 색이 생긴다. 어떤 이상 증상으로, 모간세포만 모유두에서 모모세포가 되는 경우에 멜라닌 색소를 만들어내는 멜라노사이트가 없기 때문에 모발은 색이 생기지 않고 흰머리가 된다.

간세포가(모발줄기세포)가 존재하는 위치(bulge구역)
색소간세포(이후 멜라노사이트)와 모낭간세포(이후 모모세포)가 존재

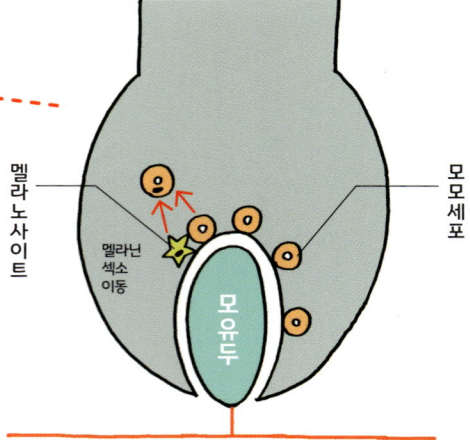

bulge구역에 존재하는 「모낭간세포」「색소간세포」가 모유두로 이동하고 진화 분화 하면 각각 「모모세포」「멜라노사이트(색소세포)」가 된다.

※ 번역자 주 ┃ bulge(벌지) 구역: 항아리 배처럼 볼록하게 튀어나온 부위를 뜻함 / 간세포(stem cell): '줄기세포'와 같은 의미. 나중에 신체기관으로 발달하는 일종의 母세포

POINT 3 탄력이 없어지는 요인

모발은 20대부터 30대에 걸쳐 두꺼워지는 경향이 있지만, 그 후에는 노화와 함께 에너지 대사가 저하됨으로써 모발을 만드는 모모세포 등의 활동이 약해진다. 결과적으로 모발이 가늘어지고 탄력이 저하되며 모발밀도(단위 면적당 모발갯수)도 감소하고 볼륨이 사라지고 강도도 낮아진다. 특히, 모발의 탄력에는 큐티클이 크게 관여되어 있는데, 이 큐티클을 잃게 되는 것이 탄력이 사라지는 요인이 된다.

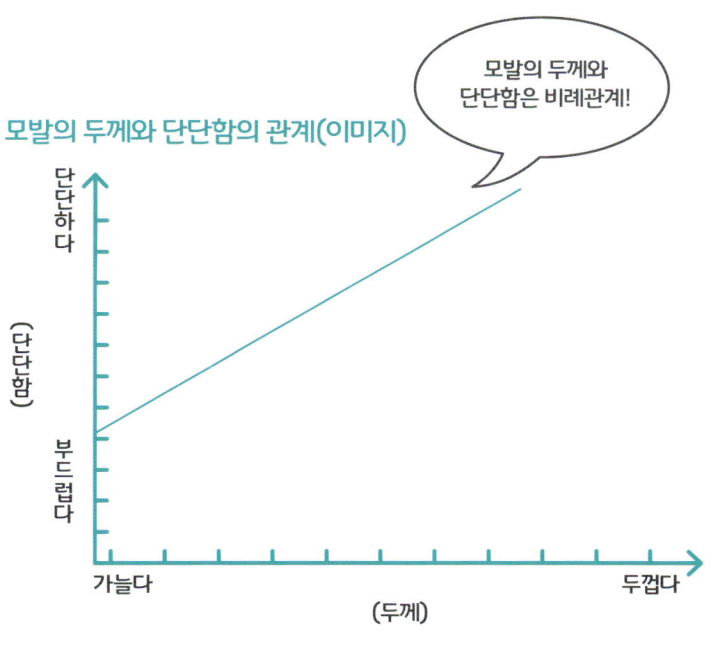

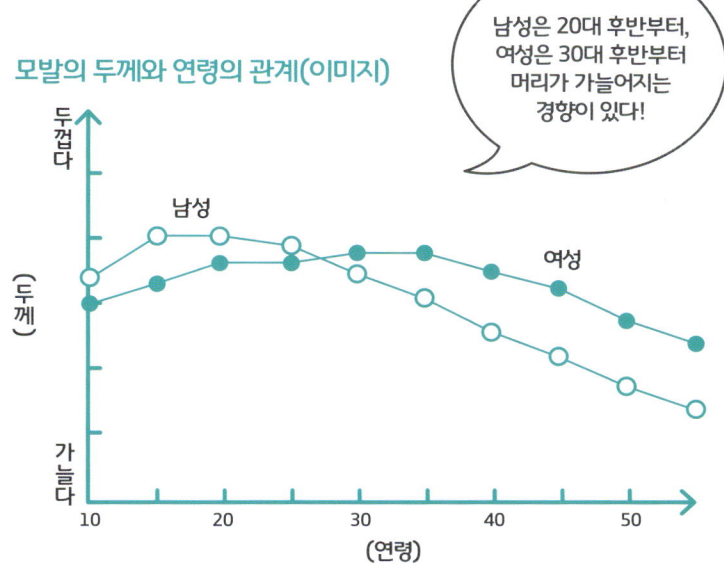

큐티클의 두께는 얼마만큼 줄까?

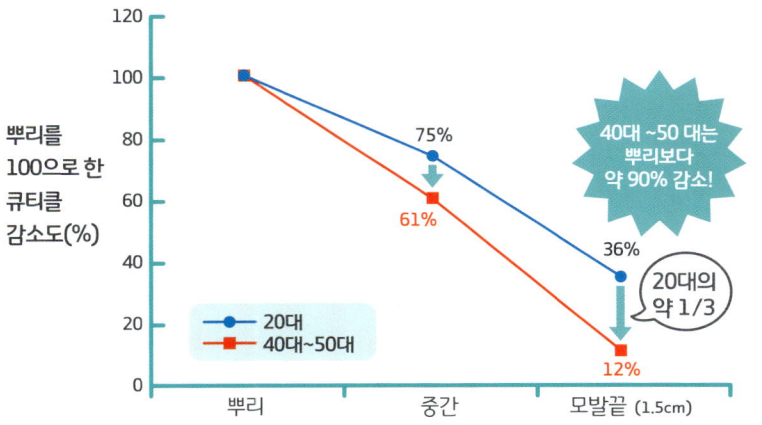

뿌리·중간·모발끝, 위치에 따라 큐티클의 두께를 측정. 40대~50대의 큐티클은 20대와 비교해서 감소하고 있고, 특히 모발 끝에는 약 1/3 으로 감소. 뿌리와 비교하면 약 1/10까지 감소했다.

탄력은 얼마만큼 줄까?

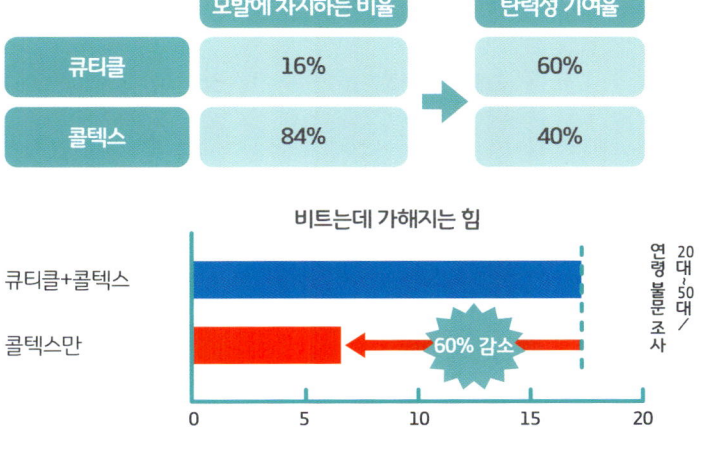

큐티클을 제거한 모발을 준비해서 탄력성을 측정한다. 큐티클을 잃었을 때 탄력성이 60%나 감소한 것을 확인 할 수 있다.

다음장에 비교 이미지 있음!

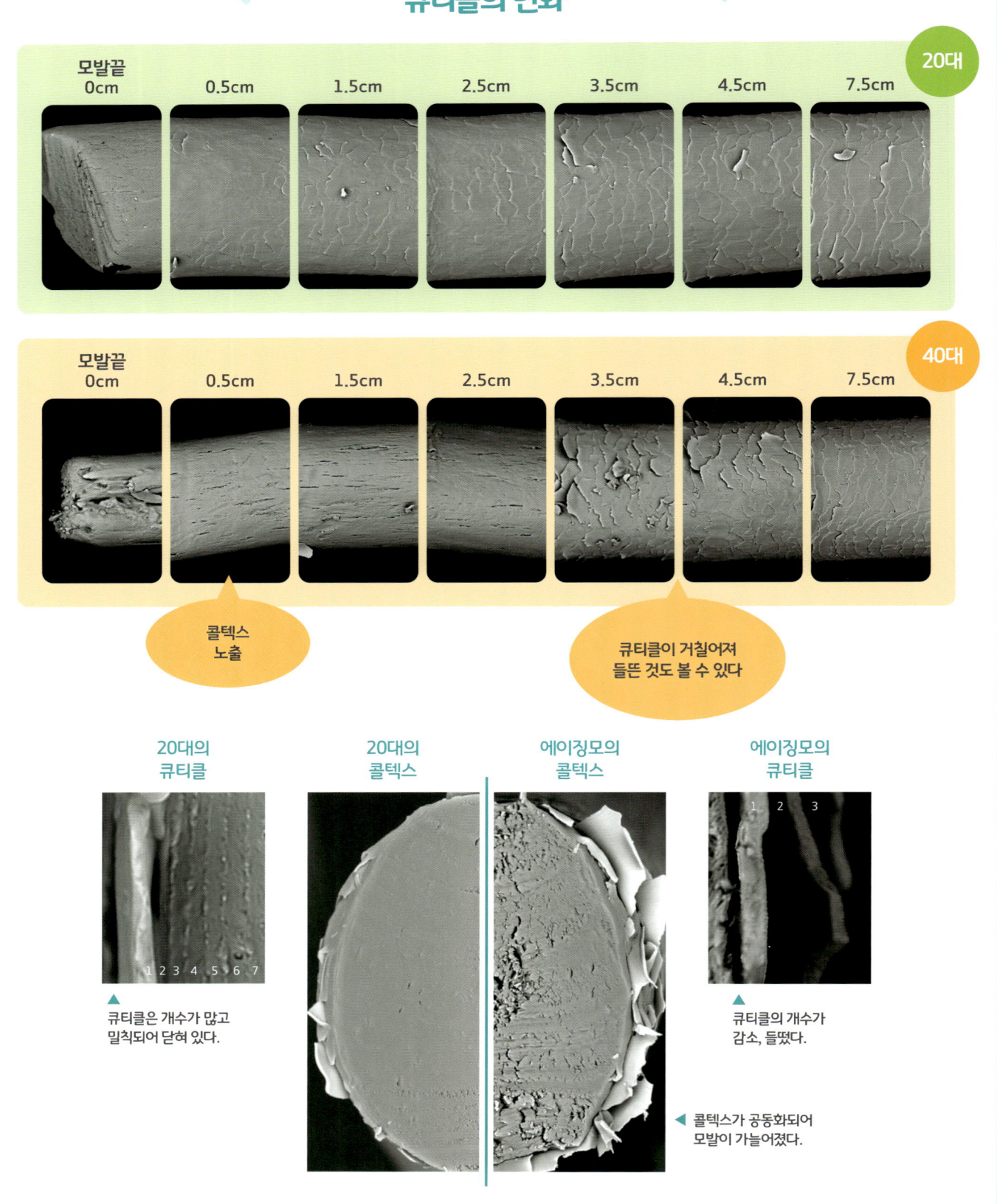

POINT 4 구불거림이 생기는 요인

노화와 함께 「곱슬」이 생기는 것은, 모발의 탄력이 저하되고, 「열」과 「마찰」 등의 손상이 축적되기 때문이다. 큐티클이 소멸되고, 내부 성분이 유출되어 모발 내부가 비는 공동화 현상. 모발의 형태가 비뚤어지고 구부러지는 속도가 빨라진다. 특히 젖은 상태의 모발은 열과 마찰 등의 손상을 잘 받기 때문에 더욱 조심히 다뤄야 한다.

> 노화가 진행되면 모발의 표면부터 내부까지 손상이 진행되고 모발의 형태가 비뚤어지기 때문에 구불거림이 발생!

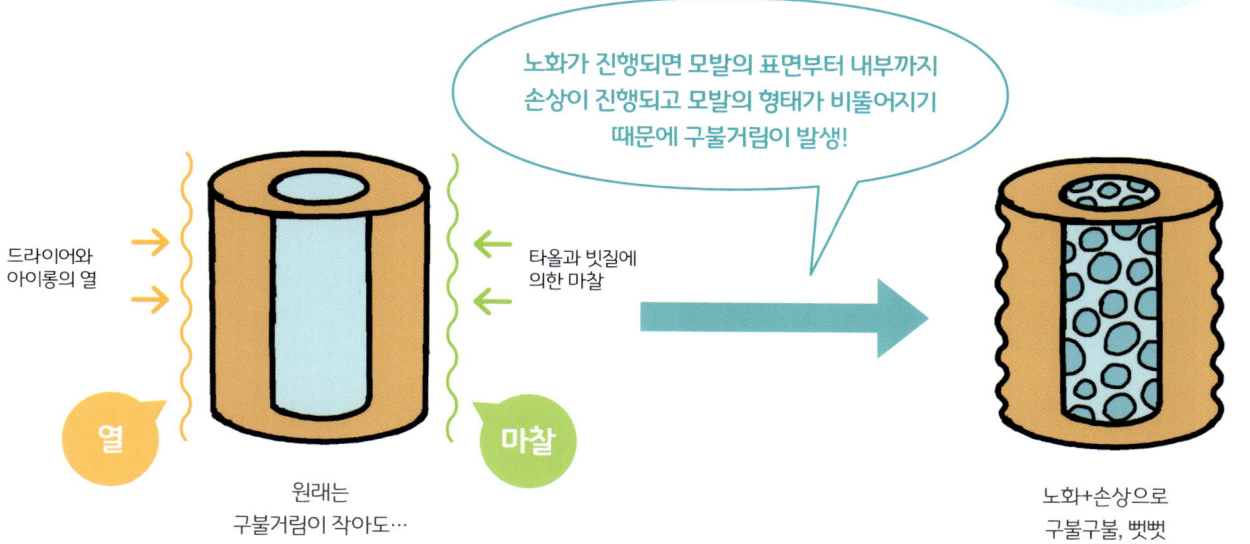

- 드라이어와 아이롱의 열 → 열
- 타올과 빗질에 의한 마찰 → 마찰
- 원래는 구불거림이 작아도…
- 노화+손상으로 구불구불, 뻣뻣

POINT 5 촉촉함·윤기가 없어지는 요인

큐티클이 적어지는 것은 윤기 저하로 연결된다. 또, 매끄러운 손빗질과 윤기를 향상시키는 18MEA로 대표되는 지방산은 노화와 함께 상실된다. 지방산은 모발 표면을 소수화하고 매끄럽게 하여 마찰의 영향으로부터 큐티클을 보호해 주는 성분. 이것들이 감소함으로써 모발 표면의 보호 기능이 저하되고 단백질 등의 유출이 쉽게 일어난다. 그리고 콜텍스 내에 공동이 발생하면서 모발 내부에 들어간 빛이 흩어지면서 윤기가 더욱 저하된다.

> CMC에 포함되는 18MEA 등이 노화와 함께 상실된다.

- 큐티클
- CMC
- 18MEA는 모발의 표면, 즉 큐티클 영역에 있는 CMC속에 많이 포함되어 있다.

18MEA란?

큐티클의 안쪽에 많고, 소수성(물을 튕긴다)이 높은 성분.
모발의 표면을 보호하며, 동시에 모발과 모발이 엉키지 않게 하는 기능이 있다. 매끄러운 손빗질에 빼놓을 수 없는 성분이지만 약제에 포함되는 알칼리제에 의해 쉽게 손상되기 때문에, 현재 18MEA를 서포트하는 헤어컬러 아이템이 많이 발매되어 있다.

CHECK! 외워두자

노화에 의해 흰머리가 생기거나 탄력·윤기·단단함이 유실되며 곱슬이 강해지거나 한다.

> 머릿결의 변화를 파악해둠으로써 고민을 커버하는 제안이 쉬워진다.

탈모

자연스러움
or 부자연스러움?

탈모의 대표적인 병증인 원형탈모 증상 등은 고객과 그 가족에게 있어 심각한 문제입니다.
고객과 가까운 미용사로서 최소한의 지식은 가지고 있어야 합니다.

이럴 때 알아 두면 좋은 지식은 이것!

POINT ① 자연 탈모

POINT ② 다양한 탈모 유형

POINT 1 자연스러운 탈모

헤어사이클(모주기)의 휴지기부터 발생기에 걸쳐 모발이 빠지는 현상이 자연스러운 탈모. 1일 약 50~60개가 빠진다. 탈모된 모발이 곤봉 형태(성냥개비와 같은 형태)를 하고 있으면 괜찮다. 그러나 뿌리가 끝으로 갈수록 가늘어지고 모발의 모근이 부풀어 있지 않는 경우는 두피와 뿌리의 컨디션이 어떠한 이유로 나빠졌을 가능성이 있다.

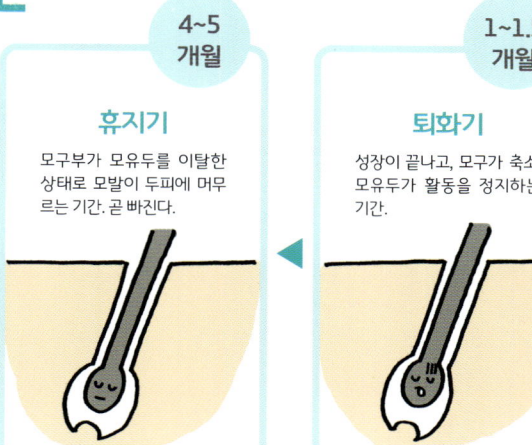

4~5개월 휴지기 - 모구부가 모유두를 이탈한 상태로 모발이 두피에 머무르는 기간. 곧 빠진다.

1~1.5개월 퇴화기 - 성장이 끝나고, 모구가 축소, 모유두가 활동을 정지하는 기간.

3~6년 성장기 - 모발이 성장하는 기간.

POINT 2 다양한 탈모 유형

자연스러운 탈모 외, 모근의 이상과 질병 등의 원인으로 탈모가 일어나는 경우도 있다. 여기에서는 모근의 정상적인 활동 이외의 다양한 탈모를 소개한다.

병적 탈모

[원형 탈모] 원형(1~2개)으로 경계가 명료하게 생기는 탈모. 악성의 경우에는 여러 개의 원형이 겹쳐져서 불규칙한 형태가 되기도 한다. 모발 전체와 눈썹, 수염 등의 탈모를 동반하기도 한다. 탈모된 모근의 형태는 비정상적으로 수축되어 있다. 알레르기와 스트레스, 자율신경장애, 아토피 등이 원인으로 발생한다고 알려져 있다.

[전신질환성 탈모] 고열이 수주 간 계속되거나 소화기에 궤양이 생긴 경우에 보여지는 급성적인 탈모. 미네랄과 비타민 결핍증, 간경변과 당뇨증에서 만성적으로 발생한다.

[내분비질환성 탈모] 갑상선 저하증과 뇌하수체기능저하증에 의해서 만성적으로 발생한다.

외인성(외부요인) 탈모

[다이어트성 탈모] 과도한 식사제한으로 지방·단백질이 부족하여 두피가 건조해서 발생한다.

[내복약제탈모] 질병 치료를 위한 항암제 등 투약에 의해 발생한다.

기계적 탈모

[유아 후두부 탈모] 생후 1개월~수개월 후에 베개와의 마찰에 의해 후두부에 생기며, 옆으로 퍼지는 탈모와 단모. 목을 세울 시기가 되면 자연스럽게 줄어들고 걷게 되면 완치된다.

[트리코틸로마니아]
trichotilomania
정신적 불안정, 욕구불만이라는 심리적 원인과 조현병, 우울증이라는 정신적 질환에 의해 자신의 모발을 뜯는 탈모.

[견인성 탈모] 묶었을 때 모발이 강하게 당겨져서 모근 부분에 가벼운 염증을 일으키게 되고 모유두가 위축되어 발생하는 탈모.

단모

[약제성 단모] 모공으로 약제가 침투, 일부 약제가 과잉으로 쌓여 모발에 강하게 작용하게 되면 모발의 일부분이 잘려서 빠진다. 모근이 없는 것이 특징. 모구는 건재하기 때문에 시간이 지나면 모발이 자란다.

모근의 이상 탈모

[노인성 탈모] 주로 50세 이상의 남성에게 보여지고 두피의 경화에 따라 전두부부터 후두부 쪽으로 진행되는 노화에 의해 탈모.

[남성형 탈모] 20대 후반 남성에게 일어나는 전두부부터 후두부에 걸쳐 발생하는 탈모. 과잉 활성 남성호르몬의 영향으로 모모세포의 세포분열이 둔화되고 성장기가 짧아진다.

[비강성 탈모] 사춘기 이후의 남성에게 보여지는 탈모. 두피에서 회백색의 가는 비듬이 끊임없이 발생하고 가려움을 동반한다. 또, 모발은 건조되어 윤택이 없고 가늘고 짧다.

[지루성 탈모] 모발은 가늘고 부드럽고 납작. 두피는 지성이며 모발이 점점 얇아지고 드문드문해지는 탈모. 남성 호르몬에 의해 피지가 과잉 분비되고, 모공이 막혀서 일어난다.

CHECK! 외워두자

정상적인 탈모인지 아닌지는 우선 모근의 형태를 보고 알 수 있다!

> 탈모는 슬픈 일. 고객의 불안한 마음에 다가가는 것부터 시작하자!

제2장은 모발 손상과 에이징(노화), 탈모 등에 관해 배워보았습니다. 요즘 많은 여성들이 갖고 있는 고민에 직결된 테마를 다루었기 때문에 꼭 마스터해서 살롱 워크에서 활용해 주세요.

제2장 모발 과학 마스터로의 길
복습 테스트

아래의 2가지 질문에 관해서 각각 답해주세요.

● 노화와 함께 모발의 곱슬은 강해집니다. 그럼 모발이 구불거리는 요인은 무엇일까요?

● 자연스럽게 탈모된 모근은 어떤 형태로 되어 있나요?

고객이 물으면 이렇게 대답하자!
[제2장 살롱워크에서 사용할 수 있는 스탠바이 코멘트집]

Q. 모발이 손상되는 원인은?
모발이 손상되는 원인은 크게 4가지로 나눌 수 있습니다. 과도한 시술에 의한 것, 젖은 모발에 가해지는 마찰에 의한 것, 열에 의한 것, 환경 등에 의한 것입니다. 이 중 과도한 시술 이외의 요인을 피하기 위해서는 고객의 협력이 필요합니다. 드라이 및 아이롱기의 과도한 열과 젖은 모발을 지나치게 강하게 타월로 비비거나 빗질하면 손상되기 쉽습니다. 또, 단백질과 미네랄 부족 등 식생활이 흐트러지면 건강한 모발이 잘 자라지 않습니다.

Q. 퍼머와 헤어컬러에서의 모발 손상 차이는?
퍼머는 모발의 안쪽에 부담이 되어 모발의 탄력, 단단함을 잃기 쉽고, 헤어컬러에서는 모발의 표면에 부담이 되어 촉감이 나빠지거나 윤기가 사라집니다. 퍼머와 헤어컬러를 한 후 불안정한 모발에는 홈케어가 중요합니다.

Q. (나이를 들수록) 모발의 볼륨이 나오지 않는 것은 왜?
여성은 30대 후반부터 모발의 탄력, 단단함이 약해지는 경향이 있습니다. 또 에이징에 의해 흰머리 발생은 물론 모발의 곱슬이 강해지거나 촉촉함이 없어지는 것은 피할 수 없습니다. 미용실에서는 각각을 커버하는 안티에이징 메뉴를 준비해 둬야겠습니다.

Q. 원형탈모 증상은 어떤 것?
모발이 자라는 부분과 자라지 않는 부분이 명료하게 되어 있는 것을 원형탈모증이라고 합니다. 스트레스와 특정 알레르기, 자율 신경계가 원인이라고 합니다.

Q. 소맥단백질과 백반 등 화장품이 위험?
특정 원료 성분으로 인해 발생하기 때문에 모든 화장품이 위험하다고는 할 수 없습니다. 화장품은 약사법상 「작용 완화」라고 규정되어 있기 때문에 올바른 사용 방법을 지키면 안심하고 사용할 수 있습니다.
단, 컨디션이 나쁠 때 또는 과거에 「피부병」 등 이상을 일으킨 경험이 있는 분은 화장품과의 접촉 횟수가 늘어남에 따라 심각해지기 때문에 주의가 필요합니다. 이상을 느꼈다면 바로 사용을 중지하고, 증상이 회복되지 않을 때나 악화되는 경우에는 피부과 등 전문의와의 상담을 추천합니다.

제3장

머리를 예쁘게 하자!
샴푸 &
헤드스파에 유용한
모발과학

제3장에서는 샴푸를 할 때 유용한 모발과학을 배워보겠습니다. 또 최근 주축이 되는 메뉴 중 하나인 헤드스파에 관해서도 배워봅시다. 기초가 확실한 샴푸 & 헤드스파를 고객에게 제공할 수 있습니다.

샴푸 & 헤드스파의 모발과학

살롱워크 측면에서 배우는 제3장의 주제들

고객과의 대화중에 발생할 수 있는 다양한 질문을 해결해 보겠습니다.
제3장은 「샴푸 & 헤드스파」에 유용한 주제들을 보겠습니다.

STEP.1 ⇩ p.46으로 — 샴푸를 하는 이유는? — 샴푸의 목적을 다시 확인해 보자.

STEP.2 ⇩ p.51로 — 두피의 안쪽은 어떻게 되어 있나? — 두피의 구조와 기능을 알아보자.

STEP.3 ⇩ p.53으로 — 두피 진단 방법은? — 두피 체크 포인트를 알아보자.

STEP.4 ⇩ p.55로 — 헤드스파의 정의란? — 헤드스파의 효용을 알아보자.

[준비체조] 제3장의 스트레칭

「전성분 표시」를 알고 있나요?
누구나 알 수 있는 샴푸 배합 성분

모발과학을 배우기 전에 준비 체조!
샴푸와 트리트먼트에 표기된 「성분」부터 모발 과학의 문을 열어봅시다.

「전성분표시」란 문자 그대로 배합되는 전성분을 배합량이 많은 순서(단 1% 이하 순서 무관)로 포장 용기에 표시한 것. 배합 성분부터 샴푸의 특성을 알 때까지는 많은 공부가 필요합니다. 그래서 최근 샴푸와 린스의 배합에 많이 사용되는 10가지 성분을 골라 소개하겠습니다.

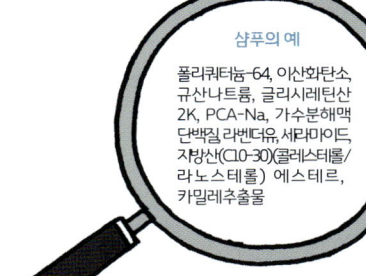

샴푸의 예
폴리쿼터늄-64, 이산화탄소, 규산나트륨, 글리시레틴산 2K, PCA-Na, 가수분해맥단백질, 라벤더유, 세라마이드, 지방산(C10-30)(콜레스테롤/라노스테롤) 에스테르, 카밀레추출물

■ 세포막유사지질
(표시명: 세라마이드 등)

CMC와 세라마이드 등, 모발과 두피에 포함되는 세포막 성분으로 모발과 두피를 촉촉하게 보호한다.
모발의 소수성을 높이는 성분으로 주목

■ PCA-Na
(표시명: 동일)

피롤리돈카르복실산나트륨(쇼듐피씨에이). 원래 피부에 포함되어 있는 보습 성분으로, 모발과 두피를 촉촉하게 하는 효과가 있다.
모발과 두피를 보습하는 성분으로 주목

■ 규소
(표시명: 규산나트륨)

인체에 필요한 미네랄. 강한 항산화 작용으로 몸(모발, 두피)에 나쁜 영향을 미치는 활성산소를 제거한다.
모발과 두피를 손상시키는 활성산소를 제거하는 성분으로 주목

■ 리피듀어
(표시명: 폴리 쿼터늄-64 등)

세포막과 가까운 구조를 가진 성분으로 모발과 두피 보호 기능을 높이고 촉촉함을 유지한다.
모발과 두피의 표면 보호, 보습효과를 주는 성분으로 주목

■ 지방산
(표시명: 지방산[C10-30, 콜레스테롤/라노스테롤]에스테르)

모발의 표면에 존재하는 지질로 18MEA 등으로 불리며 모발의 소수성을 높이는 성분.
모발의 소수성을 높이는 성분으로 주목

■ 펩타이드
(표시명: 가수분해맥단백질 등)

동물과 식물의 단백질로부터 얻을 수 있는 성분으로 모발과 두피에 탄력을 준다.
모발의 강도를 높이고, 두피에 탄력을 주는 성분으로 주목

■ 감초추출물
(표시명: 글리시레틴산 2K 등)

한방약(갈근탕 등)에 사용되는 성분으로 염증을 억제하는 효과가 있다.
두피 염증을 억제하는 성분으로 주목

■ 탄산
(표시명: 이산화탄소 등)

맥주와 탄산음료에 포함되어 있는 탄산과 같은 성분으로 혈행 촉진 효과로 알려져 있다. 모발과 두피의 세정력을 높이고, 헤드스파의 분야에서는 약제의 효과를 더욱 높이기 위해서 사용되고 있다.
모발, 두피의 세정력과 두피의 혈행 촉진 효과를 기대하는 성분으로 주목

■ 식물추출물
(표시명: 카밀레추출물 등)

모발과 두피에 유효한 성분을 포함하고 있으며 다양한 식물에서 얻을 수 있는 추출물. 카밀레 추출물에는 두피 세정 및 보습 효과가 있다.
모발과 두피를 보습하는 성분으로 주목

■ 정유
(표시명: 라벤더유 등)

향이 나는 식물에서 채취되는 휘발성 기름으로 심리적·물리적 효과가 있는 것으로 알려져 있다.
자율신경기능에 영향을 미치는 성분으로 주목

지금 바로 살롱에서 사용하는 샴푸 성분을 체크해 보자!

샴푸의 기능

매일 하는 샴푸의 역할은?

여기에서는 샴푸의 기능에 관해서 소개하겠습니다.
모발의 상태에 맞는 약제를 선택하기 위해 절대적으로 빼놓을 수 없는 지식이 됩니다.

이럴 때 알아 두면 좋은 지식은 이것!

POINT 1 샴푸의 주요 구성 성분

POINT 2 샴푸의 목적

POINT 3 계면활성제가 이물질을 제거하는 메커니즘

POINT 4 새로운 샴푸 기술

POINT 5 샴푸 Q&A

POINT 1 샴푸 주요 구성 성분

샴푸제의 성분 내용은, 물, 세정성분, 트리트먼트 성분. 시중에서 판매하는 시판용과 살롱 전문 시술용도 기본적으로는 같은 구성이다. ※

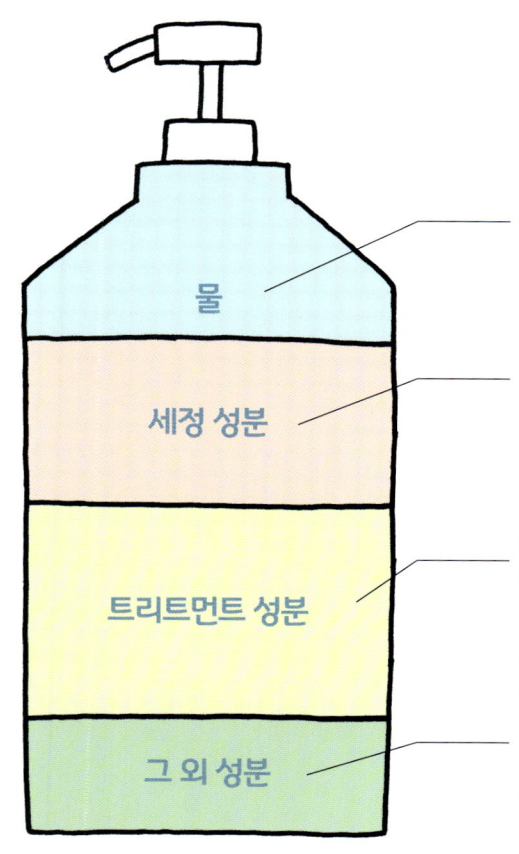

- **물**: 샴푸에 포함된 성분을 녹이고 각 배합 성분들이 젖은 모발과 잘 섞이도록 하기 위해서 가장 많이 포함된다.

- **세정 성분**: 주성분은 계면활성제. 피부와 모발에 붙어있는 피지 등의 기름 덩어리를 거품으로 둘러싼 다음 물로 헹구어낸다. 라우레스-4 카르본산Na, 술포베타인, 라우레스황산나트륨 등

- **트리트먼트 성분**: 모발의 보호와 보수 외, 손빗질의 촉감 향상을 목적으로 배합한다. 호호바 오일, 가수분해 케라틴, 글리시레틴산칼륨, 벌꿀 등.

- **그 외 성분**: 향료, 방부제, 안정화제 등. 사용 시 냄새를 좋게 하고 릴렉스 효과를 기대하거나 나쁜 냄새를 억제하기 위해 배합된다. 방부제는 미생물의 증가를 억제, 안정화제는 샴푸의 변질을 방지하는 목적으로 배합된다.

> ※ 시판 샴푸와 살롱전문 판매 샴푸의 차이
>
> ● 시판용 샴푸/거품과 매끄러운 촉감이 중시된다. 좋은 거품 「고급알콜계 세정 성분」을 베이스로 코팅 효과가 있는 「실리콘」성분을 추가한 샴푸제가 주류.
>
> ● 살롱 전문 시술용 샴푸/시술자의 피부와 고객의 모발에 부담이 적은 것이 중시된다. 마일드한 세정력의 「산성비누 계열」 「아미노산계 세정성분」등을 베이스로 한 샴푸제가 많다. 「실리콘」을 추가하지 않은 것이 많고, pH컨트롤과 헤어컬러의 퇴색 예방 등 살롱에서의 시술을 고려한 제품이 주류.

POINT 2 샴푸의 목적

샴푸의 목적은 모발과 두피의 이물질을 없애는 것. 이 물질은 대기중의 부착물(티끌, 먼지)과 스타일링제 등의 외부 환경으로부터 묻은 것, 땀과 피지 등 신체 내부에서 발생한 것 등이다. 또, 모공에는 이물질이 축적되기 쉽고 강하게 부착되기도 하는데, 모공에 이 물질이 남은 채로 있으면 냄새가 나거나 탈모가 생길 수 있기 때문에 두피와 모발 건강을 유지하기 위해서 샴푸가 필요합니다.

샴푸가 없애는 이물질

피지 / 비듬 / 담배연기(입자) / 스타일링제 / 배기가스(NOx, SOx 등) / 대기중의 티끌(미세먼지, 꽃가루 등) / 조리시의 기름과 연기(입자) / 땀

> 고객의 모발과 두피, 라이프 스타일에 따른 샴푸를 추천합시다!

CHECK! 외워두자

두피의 이물질은 탈모 등 트러블의 원인이 되기 때문에 매일 세정을 해야 합니다. 단, 샴푸를 지나치게 자주 하면 두피에 꼭 필요한 피지를 지나치게 제거해서 두피의 건조와 피지의 과잉 분비를 촉진하는 결과로 이어지기 때문에 주의합시다.

POINT 3 계면활성제가 이물질을 제거하는 메커니즘

모발에 부착되어 있는 "친수성" 이물질은 물로 없앨 수 있다. 그러나, 기름 성질의 이물질(피지, 스타일링제 등)은 물만으로는 없앨 수 없다. 그러한 이물질을 없애기 위해 사용하는 것이 계면활성제. 계면활성제란 물에 잘 섞이는 부분(친수기)과 기름에 잘 섞이는(부분 친유기) 양쪽 성질을 가진 화학물질. 여기에서는 계면활성제에 의한 세정 메커니즘을 상세하게 알아봅시다.

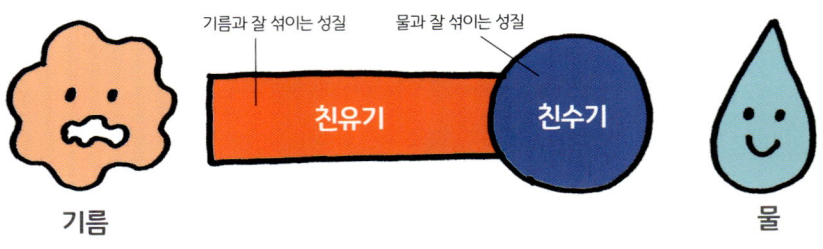

계면활성제란……

기름과 물은 섞이지 않지만 계면활성제는 물이나 기름과도 잘 섞인다(물과 기름을 섞이게 하는 성질을 가지고 있다).

이것이 계면활성제가 작용하는 구조

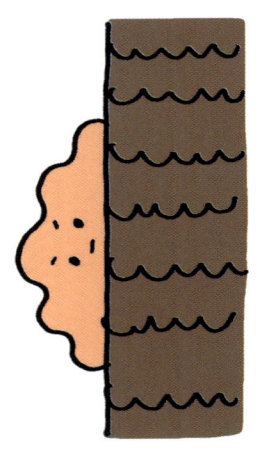

1. 모발에 부착된 이물질과 땀을 빗질과 따뜻한 물로 헹군 후의 상태. 빗질과 물로는 헹구지 못하는 기름 성분이 남아 있다.

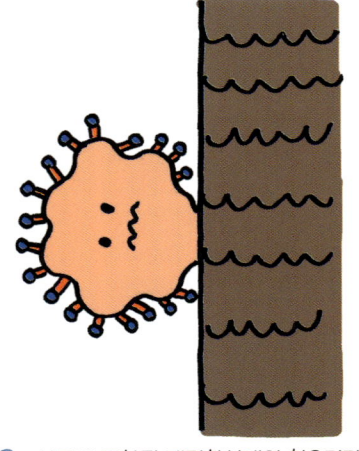

2. 샴푸에 포함된 계면활성제의 친유기가 기름 성분의 이물질에 부착되어 확실하게 감싼다.

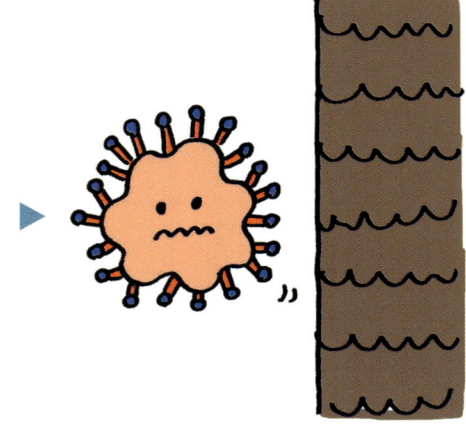

3. 계면활성제가 이물질을 확실하게 감싼 채로 분리되어 모발과 피부로부터 떨어져 나간다.

4. 이물질을 감싼 계면활성제가 헹구어진다.

샴푸제에 사용할 수 있다. 계면활성제의 종류

종류	설명	
음이온성 계면활성제	아니온계면활성제라고 불리고, 친수기는 마이너스 이온성을 나타낸다. 세정 작용이 뛰어나기 때문에 샴푸의 기초 원료로 사용되는 일이 많다.	⊖
양이온성 계면활성제	카티온계면활성제라고도 불리고 친수기는 플러스 이온성을 나타낸다. 유연 작용이 뛰어나기 때문에 샴푸제 외에도 트리트먼트의 기초 원료로 사용되는 일이 많다.	⊕
비이온성 계면활성제	노니온계면활성제로도 불리고 이온성을 나타내지 않는다. 다른 종류의 계면활성제와 병용하기 때문에 세정력과 점성을 높이는 등 기능성을 향상시킨다.	
양성 계면활성제	친수기가 플러스와 마이너스 양쪽 성질을 나타내고 산성 영역에서는 카티온성을 알칼리 영역에서는 아니온성을 나타낸다. 저자극성 샴푸와 베이비 샴푸의 주원료로서 사용되고 다른 종류의 계면활성제와 병용하기 때문에 거품 입자와 저자극성을 향상시킨다.	⊕⊖

POINT 4 새로운 샴푸 기술

기기나 약제가 진화하는 가운데 샴푸 기술의 "상식"도 변화하고 있다. 두피도 모발도 확실하게 감는다고 하는 기존의 「싹싹 씻다」는, 모발의 큐티클이 부풀어 올라 두피의 유분을 과하게 벗겨낸다는 문제도 있었다. 그래서 최근 주목받고 있는 것이 모발과 두피를 비비지 않도록 부드럽게 씻어주는 「주무르는 샴푸」. 주무르는 샴푸는 모발과 두피의 이물질을 확실하게 제거할 수 있으며 마찰 등에 의한 부하가 적고 고객의 쾌적성도 향상된다. 그리고 시술하는 이미용사의 손에도 부담이 적은 이점도 있다. 진화한 샴푸 기술의 포인트와 그 효과를 알아보자.

「주무르는 샴푸」 3가지 포인트

① 수온은 38℃ 미지근하게 설정한다.

② 먼저 정성스럽게 전처리 린스를 한다.

③ 부드럽게, 문지르지 않고 씻는다.

모발과 두피의 상태를 비교

	비벼서 씻는다	주물러서 씻는다
모발	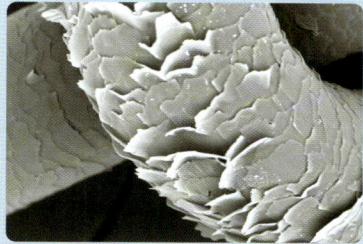	
두피 (샴푸 전)		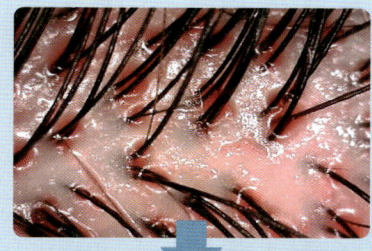
두피 (샴푸 후)		

「비벼서 씻는다」에서는 모발 표면의 큐티클이 감겨 올라가 있는데 비해 「주물러서 씻는다」에서는 불필요한 마찰이 없기 때문에 큐티클이 정돈되어 있다.

붉게 착색된 피지를 두피에 도포하고 일정 시간 방치한다.

「주물러 씻는다」에 의한 시술에서도, 「비벼 씻는다」와 같은 정도의 이물질이 제거된다.

> 샴푸 거품의 힘을 사용하면 과도한 마찰은 필요가 없다!

시술자 손의 수분량을 비교

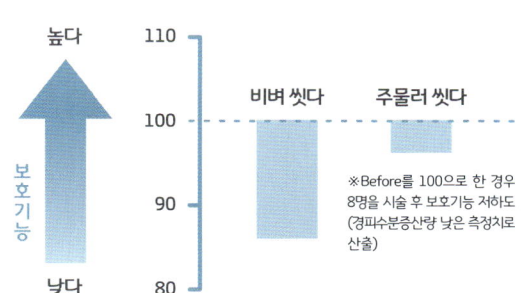

시술자의 손에 생기는 마찰은 「주물러 씻는다」쪽이 적고, 수온도 따뜻하기 때문에 손을 보호하는 유분의 유출이 억제된다. 거친 피부결로 고생하는 미용사에게 쾌적함을 줄 수 있다.

※Before를 100으로 한 경우 8명을 시술 후 보호기능 저하도 (경피수분증산량 낮은 측정치로 산출)

POINT
5 샴푸 Q&A

전 페이지에서 배운 샴푸의 기초 지식을 더 깊게 이해하기 위해 사이몬 선생님이 메리의 질문에 답한다!

Q. 실리콘이 들어간 샴푸는 모발에 좋지 않다?

A. 어느 쪽이라고 할 수는 없다. 단, 샴푸의 목적으로 생각하면 예스. 실리콘은 윤활성 및 발수성이 뛰어나고 모발의 손빗질을 좋게 하거나 윤기 나게 한다. 단, 모발에 과잉 축적되면 헤어 컬러와 퍼머 등 약제의 침투를 방해하고 두피에 끈끈하게 달라붙거나 뿌리부터 볼륨을 다운시키기 때문에 주의가 필요하다.
(68~69 페이지에 관련정보 있다.)

Q. 피지는, 모두 헹구어 내는 것이 좋을까?

A. 답은 No. 피지와 땀이 서로 섞여 생기는 「피지막」은 두피의 수분이 증발하지 않도록 보호해 주며 약산성의 성질을 가지고 있어 세균의 증식을 억제해 준다. 그래서 적정량 분비되는 것이 두피의 건강에 좋기 때문에 불필요한 과잉 피질만을 헹구는 것이 좋다.

Q. 모발에 좋은 샴푸 사용 방법은?

A. 우선은 확실하게 헹굴 것. 피부가 천천히 따뜻한 정도가 되는 것이 기준이 된다. 충분하게 헹구어 냄으로써 땀과 이물질 대부분이 제거되고 샴푸의 거품 입자도 좋아진다. 헹구기 전에 빗질로 얽힌 모발을 풀어 주면 엉키는 것도 방지할 수 있다. 다음으로 중요한 것이 거품으로 피부를 씻는 공정. 부드러운 거품으로 피부 전체를 손가락의 안쪽을 사용해서 마사지하듯이 씻는다. 이때, 손톱을 세워 두피를 손상시키지 않을것. 헹굼은 거품이 남지 않도록 확실하게 하는 것이 중요.

모발의 이물질을 제거하는 것뿐 아니라 두피의 환경을 관리하는 것이라고 생각하며 샴푸를 합시다.

피부

두피도 피부의 일부
피부의 구조는 어떻게 되어 있나?

다음으로 피부의 구조와 기능을 배워보겠습니다. 미용기술을 시행함에 있어서 모발을 만들어내는 두피(피부)에 대한 지식은 중요합니다. 또, 앞으로 두피케어에 대한 수요가 많아질 것이기 때문에 미용사로서 필수 지식이 될 것입니다.

1
감사합니다. 저희는 마사지로 두피를 풀어주는 샴푸가 특기에요.

두피 마사지 덕분에 기분이 굉장히 좋아요. 머리속이 리프트업 될것 같아.

최근에 도입하고 있는 두피를 마사지하는 샴푸가 고객도 마음에 들었지만……

2
근데 왜 두피 마사지를 하면 얼굴 피부도 당겨지는 걸까……? 피부가 연결되어 있어서일까?

고객과 대화를 나누면서 두피와 얼굴이 한 장의 피부로 연결되어 있는 것을 알게 된 메리.

3
두피를 알기 위해서는 피부에 대한 공부도 해야겠어!

피부에 대한 공부를 결심하는 메리.

1~3 POINT

이럴 때 알아 두면 좋은 지식은 이것!

POINT
1 피부의 구조

POINT
2 turnover

POINT
3 피부의 상태 변화

POINT 1 — 피부의 구조와 역할

피부는 최대 장기라고 불릴 만큼 그 면적은 성인은 약 1.6m². 피하조직을 포함하면 체중의 16%를 차지한다. (체중 60kg의 경우는 약 10kg). 피부에는 외부환경의 자극으로부터 생체를 보호하는 방어 기능 외 여러 가지 기능이 있다.

- 세균과 미생물의 침입, 자외선, 활성산소로부터 생명을 보호하는 기능
- 물질을 흡수하는 기능(경피흡수) ● 땀과 피지, 노폐물 배설 기능 ● 온·냉·통감의 감각 기능 ● 체온을 조절하는 기능 ● 호흡 기능(피층호흡) 등.

POINT 2 — turnover

turnover란 신진대사 중 하나로, 새로운 피부세포는 표피의 가장 안쪽에 있는 「기저층」에서 만들어지고 「각질층」이 된 후 벗겨진다. 그 기간은, 세포가 생기고 각질층이 되기까지 약 28일 정도로 그때부터 벗겨질 때까지 14일 정도이다. 피부는 신진대사가 계속해서 이루어지는 살아있는 조직인 것이다.

피부에는 표피·진피·피하조직에 간세포가 존재. 표피간세포는 기저층에 존재하고 새로운 케라노사이트(각화세포)를 만들어 turnover의 근원이 된다.

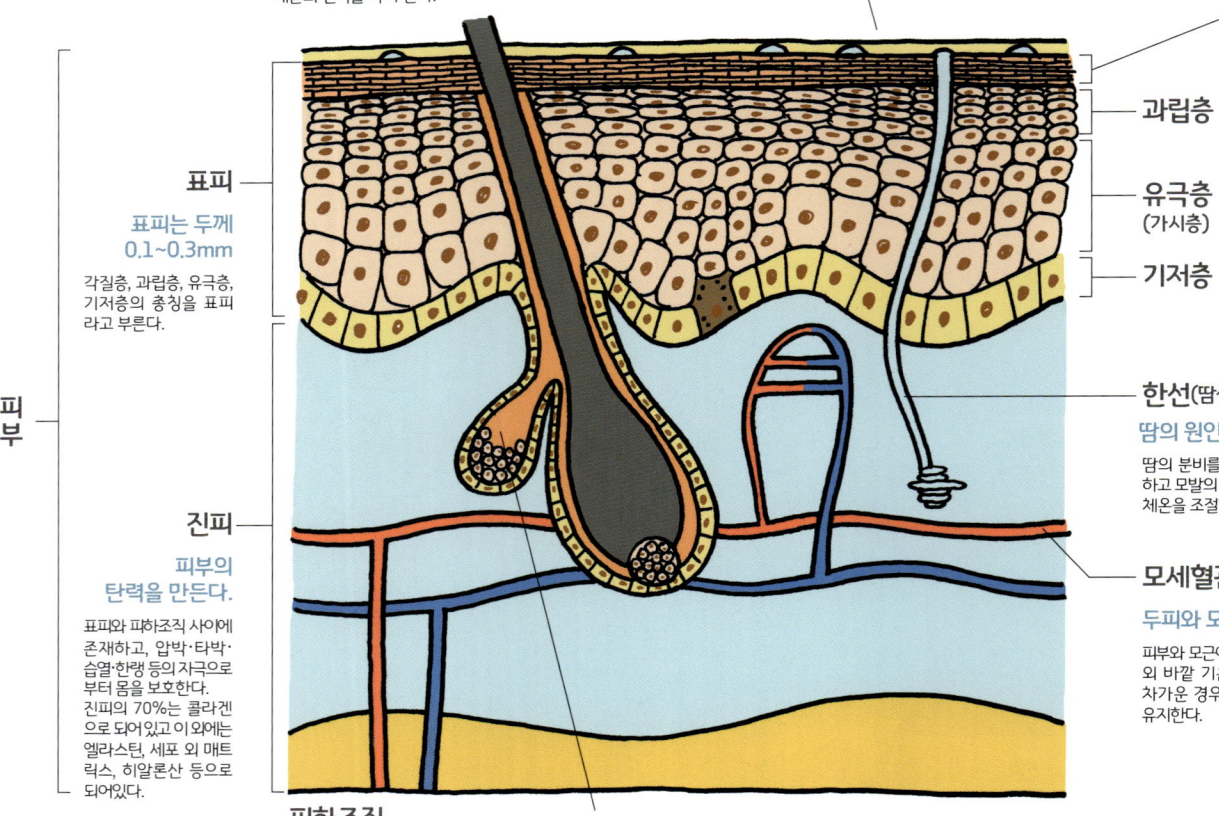

피지막 — 피부를 부드럽게 해서 세균으로부터 보호한다.
두피와 땀이 피부 표면에서 섞여 만들어지는 천연크림. 이로 인해 피부는 보습이 됨과 동시에 부드러움과 유연성을 유지할 수 있다. 또 pH5.5~6.5 약산성이기 때문에 세균의 번식을 막아 준다.

표피 — 표피는 두께 0.1~0.3mm
각질층, 과립층, 유극층, 기저층의 총칭을 표피라고 부른다.

진피 — 피부의 탄력을 만든다.
표피와 피하조직 사이에 존재하고, 압박·타박·습열·한랭 등의 자극으로부터 몸을 보호한다. 진피의 70%는 콜라겐으로 되어있고 이 외에는 엘라스틴, 세포 외 매트릭스, 히알론산 등으로 되어있다.

각질층 — 피부의 촉촉함을 보호한다.
주로 각질 세포와 세포간 지질, NMF(천연보습인자)로 구성되어 있다. 각질세포가 벽돌 형태로 포개어져 있는 틈을 세라마이드와 콜레스테롤, 지방산 등으로 된 세포간 지질이 접착제와 같이 채워진다. 유분이 많이 포함된 세포간 지질은 지질막 사이에 수분이 고여있는 라멜라구조를 형성하고, 외부의 자극으로부터 피부를 보호하고 수분의 과잉 증발을 막는 중요한 역할을 담당하고 있다.

과립층

유극층(가시층)

기저층

한선(땀샘) — 땀의 원인
땀의 분비를 통해 노폐물을 배출을 하고 모발의 표면을 보호함과 동시에 체온을 조절한다.

모세혈관 — 두피와 모발에 영양분을 공급한다.
피부와 모근에 영양분을 공급하는 것 외 바깥 기온이 더운 경우는 확장 차가운 경우에는 수축해서 체온을 유지한다.

피지선 — 피지의 발생
피지를 분비하고, 피부와 모발의 표면을 보호한다. 두피에는 피부보다 많은 피지선이 존재한다.

피하조직

POINT 3 — 피부의 상태 변화

자외선이 강해지는 봄과 여름은 멜라닌 성분이 활발해지고 피부색이 노랗게 되는 것에 비해 가을과 겨울은 혈관의 수축·확장 작용이 활발해지기 때문에 붉은기가 강해진다. 또 노화에 의해 턴오버가 늦어 지거나 수분량이 줄거나 탄력이 사라지거나 한다. 남성의 피지량은 노화가 진행돼도 그다지 줄지 않지만, 여성의 경우는 30세를 넘으면 감소한다.

CHECK! 외워두자

피부는 표피 · 진피 · 피하 조직으로 나뉘고 신진대사를 반복해서 항상 새롭게 바뀐다.

두피가 자라고 있구나!

※번역자 주 | 라멜라 구조: 지질막 사이에 수분이 고여있는 층상 구조

두피

두피의 건강을 체크
프로만이 할 수 있는 제안은?

두피를 건강하게 유지하기 위해서는 현재 두피 상태를 정확하게 진단하는 힘이 필요합니다.
프로만이 할 수 있는 제안이 가능하도록 두피에 관한 공부를 해야 합니다.

1 POINT
오늘 ㅇㅇ씨의 두피는 평소보다도 굳어 있고, 붉은기가 강하네. 그래, 현미경으로 보자.

샴푸 후, 고객의 불그스름한 두피를 보고 걱정인 메리. 그래서 현미경을 사용해서 고객과 모니터로 보기로.

2 POINT
어떻게 하면 좋을까. 스킨케어와 똑같이 두피와 케어의 지식이 있으면 좋겠어.

두피를 건강하게 유지하기 위해서 고객에게 어떤 제안을 할 수 있을지 고민하는 메리였다.

와! 정말 빨갛게 되었네! 전혀 몰랐어요. 어떻게 하면 좋을까요?

자신의 두피를 처음 보고, 놀라는 고객. 메리에게 어드바이스를 구했지만……

이럴 때 알아 두면 좋은 지식은 이것!

POINT 1 두피와 피부의 차이

POINT 2 건강한 두피의 상태

POINT 1 — 두피와 피부의 차이

두피와 피부의 기본적인 구조는 같다고 생각하는 것이 좋다. 그러나, 다른 피부와 비교해서 두피는 표피가 두껍고 외부로부터의 자극에 민감한 특징이 있다. 또, 피지 분비량이 많은 데다가 모발에 덮여 있기 때문에 무르기 쉬운 등, 세균의 번식이 쉬운 환경이다. 두피는 다른 피부와 비교하면 방어 기능이 약하고 민감하여 조심스럽게 다루어야 한다.

피부(얼굴)	두피	
얇다	두껍다	피층의 두께
많다	적다	수분량
많다	꽤 많다	피지선의 수
작다	크다	경피수분증산량
높다	낮다	자극에 대한 감도

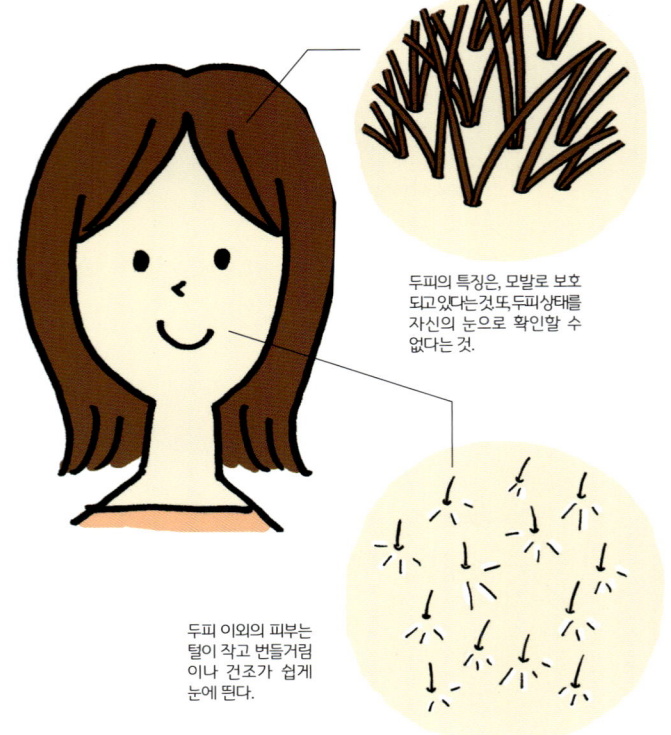

두피의 특징은, 모발로 보호되고 있다는 것 또, 두피상태를 자신의 눈으로 확인할 수 없다는 것.

두피 이외의 피부는 털이 작고 번들거림이나 건조가 쉽게 눈에 띈다.

POINT 2 — 두피 건강

두피는 자신의 눈으로 직접 볼 수 없는 부분이다. 그래서, 거기에 어떤 트러블이 발생해도 자각하지 못하는 사람이 많다. 미용사는 일상적으로 고객의 두피를 체크할 수 있는 존재. 그렇기 때문에 우선은 고객의 두피 건강을 체크하는 방법을 마스터하고 두피를 건강하게 유지하기 위한 어드바이스로 살롱에서의 스캘프 케어·헤드케어·두피케어 샴푸의 제안으로 연결해 보자.

두피케어의 일환으로 헤드스파의 인기가 높아지고 있습니다.

CHECK! 외워두자

자신의 두피 상태를 모르는 고객이 많다. 정확한 진단을 근거로 한 어드바이스·메뉴 제안은 만족도를 상승시킬 수 있다!

모발뿐 아니라 두피에도 책임감을 가지는 스타일리스트가 되자!

Step 1 — 두피의 상태를 체크
손가락으로 두피를 문지른 후 손가락에 비듬이 묻는다면 두피가 건조한 상태이며 기름이 묻었다면 피지가 과잉 분비되고 있을 가능성이 있다.

Step 2 — 두피의 단단함을 체크
두피가 단단하고 뻣뻣한 경우에는 두피가 굳어져서 혈행이 좋지 않은 증거. 건강한 두피는 부드럽고 유연하다.

Step 3 — 두피의 색을 체크
두피의 색은 핏기가 없고 투명하다=건강(좋다), 노랗다=약간 건강이 좋지 않다.(주의가 필요), 붉은색과 갈색=염증이 발생할 수도 있다(위험)고 판단한다.

헤드스파

헤드스파는 어떤 효과가 있을까?

여기에서는 릴렉세이션 메뉴로서 2000년대 전반부터 등장, 현재는 수많은 살롱에서 도입하고 있는 헤드스파에 관한 지식을 알아보겠습니다.

1
POINT 1
"두피와 모발을 동시에 케어할 수 있는 헤드스파를 추천해요!"
"헤드스파 한 번 해보고 싶었어요."

고객께 헤드스파를 추천, 제안이 받아들여졌다.

2
"기분 좋아요~ 머리를 자극하는 것만으로 이렇게 몸이 풀리다니 거짓말 같아."

고객은 메리의 테크닉에 의해 몸 전체가 따끈해졌다고 말한다.

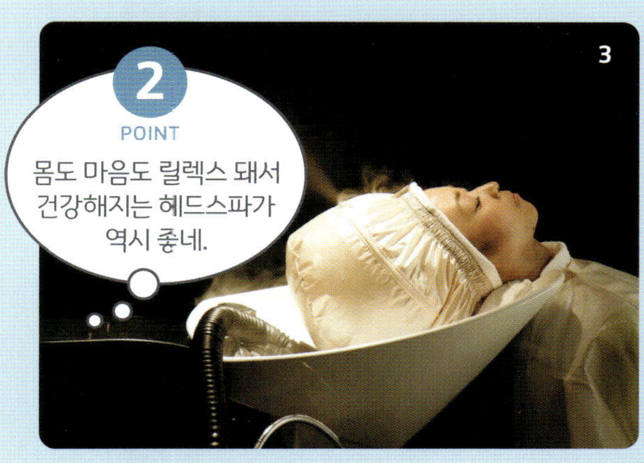

3
POINT 2
"몸도 마음도 릴렉스 돼서 건강해지는 헤드스파가 역시 좋네."

조용히 생각하는 메리였다.

4
ZZZ…

그리고 고객은 잠이 들었다.

이럴 때 알아 두면 좋은 지식은 이것!

POINT 1 헤드스파의 정의

POINT 2 헤드스파의 효과

POINT
1 헤드스파 정의

헤드스파란, 「머리(Head)+ 온수(Spa)」의 합성어로 모발과 두피, 심신을 아름답고 건강하게 유지시키는 것을 목적으로 하는 것에서 이름이 붙은 헤드케어 프로그램이다. 구체적으로는 머리 감기(샴푸 등의 클렌징으로 모발세정·두피 청소), 헤드 마사지, 두피 케어를 하지만 더 나아가 릴렉스 효과를 위해 차분한 공간에서 아로마와 음악 등이 연출을 통해 진행하는 경우도 있다.

헤드스파는 몸과 마음 아름다움과 건강은 연결되어 있다고 하는 「홀리스틱」 방식을 취하고 있다. 옛날부터 「병은 기운에서」라고 하는 것처럼 몸과 마음은 서로 영향을 주는 관계이다. 스트레스가 쌓이면 피부의 상태와 컨디션이 나빠지고 반대로 마사지를 받고 있으면 기분이 좋아져 잠들어 버린다…라고 하는 경험이 있는 사람도 적지 않을 것이다. 헤드스파에서는 두피를 마사지하거나 따뜻하게 함으로써 혈류순환을 촉진할 뿐만 아니라 기분 좋게 마음이 편안해지고, 그것이 또한 자율신경에도 작용하여 전신으로 영향을 미쳐 모발과 피부를 포함한 신체 상태를 개선할 수 있을 것으로 기대된다.

> **CHECK! 외워두자**
>
> 진실된 헤드스파란, 몸과 마음, 신체 전체에 대한 작용이 장기적인 건강과 아름다움을 유지해 가려고 하는 행위!

앞으로 점점 수요가 높아질 것 같다!

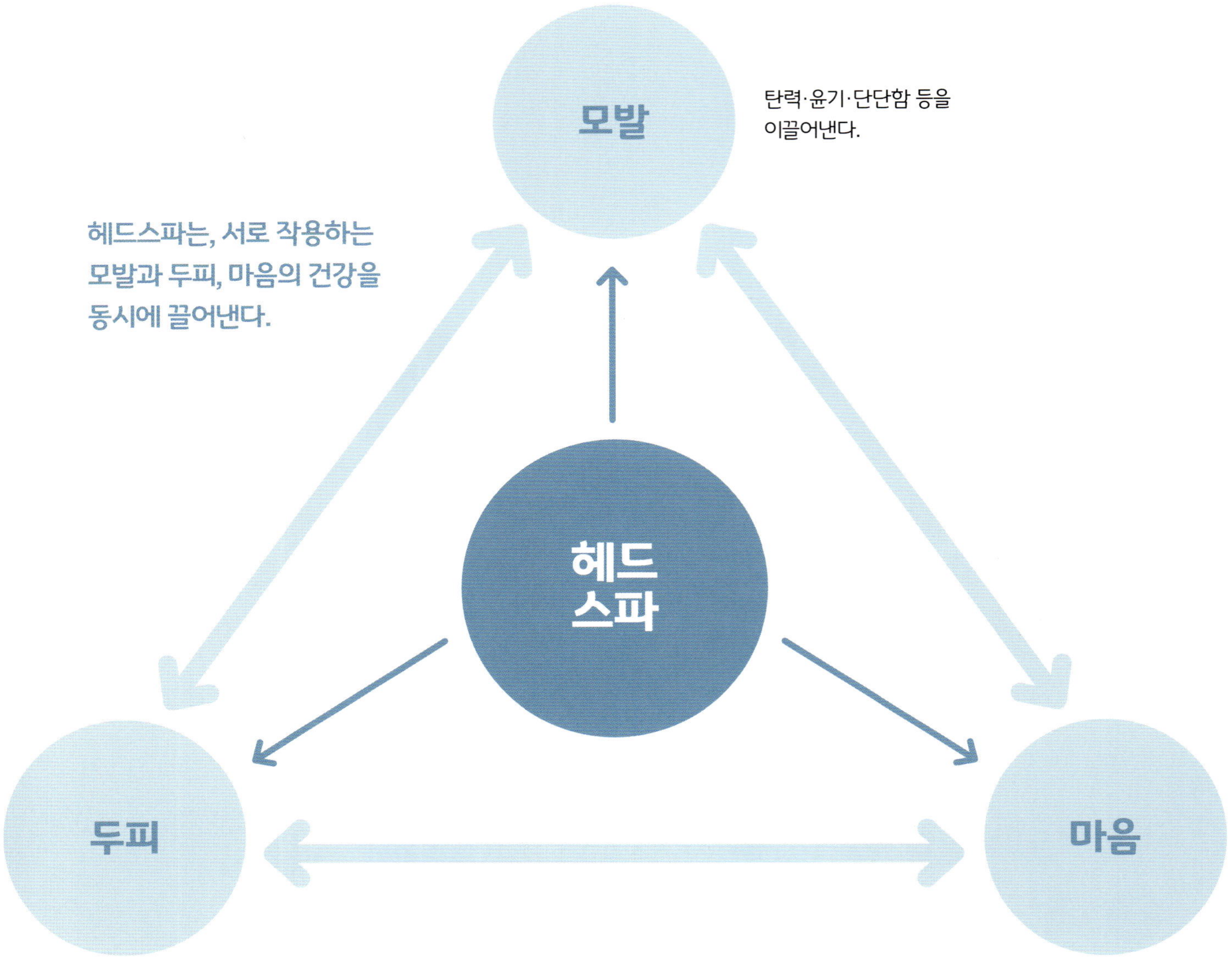

헤드스파는, 서로 작용하는 모발과 두피, 마음의 건강을 동시에 끌어낸다.

모발 — 탄력·윤기·단단함 등을 이끌어낸다.

헤드스파

두피 — 모공까지 청결하고 두피의 혈행이 좋은 상태를 끌어낸다.

마음 — 긴장 이완(relaxation)에 의해 스트레스 해소.

POINT 2 # 헤드스파의 효과

헤드스파가 우리 몸에 미치는 효과를 실험 결과와 함께 살펴보자.

① 부교감신경 활성화

자율신경계에는, 몸을 활동적인 상태로 만드는 「교감신경」과 몸을 쉴 수 있는 상태로 만드는 「부교감신경」이 있다. 교감신경이 활발해지면 맥박수가 증가하고, 혈관이 수축하여 혈압이 올라간다. 이에 반해 부교감신경이 활발해지면 맥박수가 감소하고 혈압이 저하된다. 헤드스파 시술 전후의 상태를 비교하면 시술 전보다 맥박수가 감소하고 혈압도 저하. 즉, 헤드스파 시술을 통해 부교감신경이 활성화된 것을 알 수 있다.

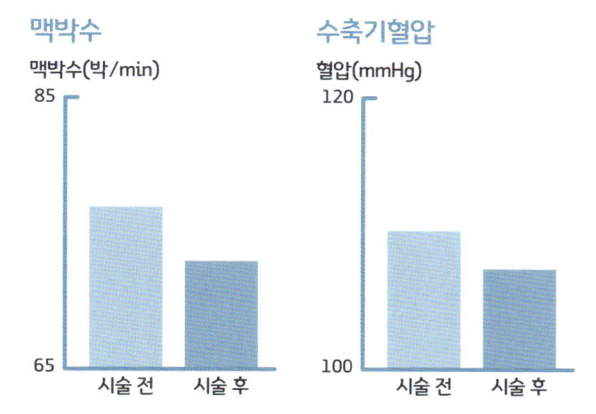

② 스트레스 경감

「코르티솔」이란 부신피질에서 분비되는 호르몬의 하나로, 심신이 스트레스를 받으면 분비가 급격히 늘어나므로, 「스트레스 호르몬」이라고 불린다. 헤드스파의 시술 전후를 비교해 보면 시술 후에는 타액 중 코르티솔의 농도 저하가 나타나 스트레스 경감을 반영하는 것으로 보인다.

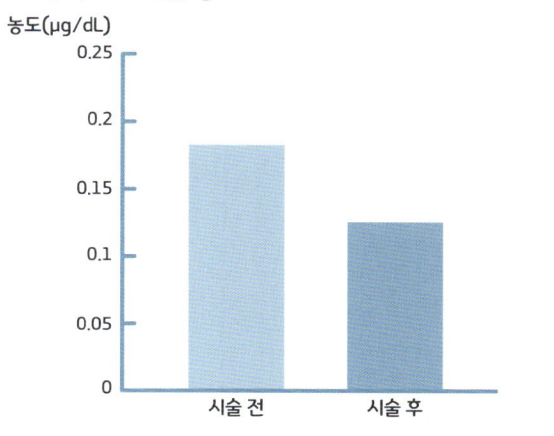

③ 면역물질 증가

타액과 혈액 속에 존재하는 「sIgA(면역 글로불린A)」는 쾌적성이 향상될 때 증가하는 것으로 알려져 있고, 헤드스파 시술에 의해서도 증가한다는 것이 확인되고 있다. 이 sIgA는 점막상에서 세균이나 바이러스 등의 외적 요인에 대한 중요한 방어 기능을 담당하고 있기 때문에 면역기능에 대한 관심도 기대된다.

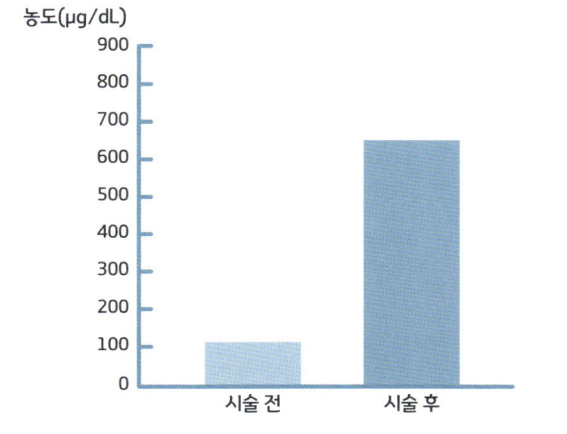

④ 혈류량 증가

헤드스파를 받으면 머리와 온몸이 따뜻해지는데 여기에는 혈류가 크게 관련되어 있다. 마사지된 두피는 물론, 전신에 혈류량이 증가하고 그에 따라 피부 표면의 온도도 상승한다. 실제로 피부 표면의 온도를 조사해 보면, 시술 후에 목과 손 표면의 온도가 상승하고 있는 것을 알 수 있다.

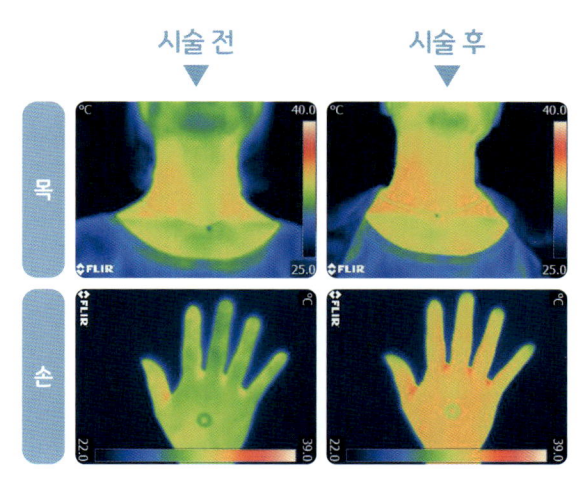

제3장은 샴푸 헤드스파에 유용한 모발과학에 관해서 배워보았습니다. 건강한 두피가 건강한 모발을 자라게 하기 위한 토대가 된다는 점이 일반 소비자에게도 알려지면서 헤드스파에 대한 수요도 매년 늘고 있습니다. 꼭 샴푸와 트리트먼트, 두피의 기초지식을 마스터합시다.

제3장 모발과학 마스터로의 길
복습 테스트

아래의 2가지 질문에 관해서 각각 답해주세요.

● 피부에 있는 각질층의 중요한 역할은 무엇일까?

고객이 물으면 이렇게 대답하자!
[제3장 살롱워크에서 사용할 수 있는 스탠바이 코멘트집]

Q. 샴푸는 매일 하는 것이 좋을까?

샴푸의 목적은 모발과 두피의 오염물질을 없애는 것으로 기본적으로는 매일 하는 것이 좋습니다. 특히 모공에 땀과 피지, 이물질이 쌓인 그대로라면 산화해서 냄새가 나거나 막혀서 탈모가 생기기 때문에 두피의 세정이 중요합니다. 단, 세정력이 너무 강한 샴푸로 매일 사용하는 것은 NG. 피지를 너무 많이 없애서 과잉 분비를 촉진하기 때문입니다.

Q. 시중 판매되는 샴푸와 살롱 전용 샴푸는 무엇이 다를까?

살롱 전문 시술용 샴푸는 고객의 모발과 시술자의 피부에 대한 부담을 적게 하기 위해서 만들어졌으며 마일드한 세정력이 중심입니다. 또, 살롱에서 진행한 헤어컬러의 퇴색을 방지하거나 퍼머를 오래 유지하게 하도록 설계되어 있습니다. 반면 시판 샴푸는 거품과 부드러운 촉감 등 "사용감"을 중시합니다.

Q. 실리콘은 모발에 좋지 않다?

실리콘은 모발을 코팅해서 손빗질을 좋게 하거나 윤기를 주거나 하는 것으로 대부분의 샴푸에 배합되어 있는 성분입니다. 단, 반복 사용으로 모발에 과잉 축적되면 헤어컬러와 퍼머 등 약제의 침투를 방해하거나 두피의 끈적임과 뿌리의 볼륨 다운으로 이어지기도 합니다. 고객이 원하는 헤어 디자인에 따라 실리콘 샴푸로 할지 말지를 선택합시다. 고객의 머릿결에 적합한 샴푸를 직접 추천해 주세요.

Q. 두피 마사지를 받고 기분이 정말 좋았는데 왜일까?

건강한 모발은 건강한 두피에서 생깁니다. 고객의 두피는 조금 뭉쳐 있었습니다. 뭉침을 풀어서 혈류를 좋게 하고 두피에 영양공급을 원활하게 해서 건강한 모발이 자라는 환경을 만들었습니다.
고객의 두피색은 핏기가 없어지면 건강한 상태겠지만 두피가 빨갛게 되어 있다면 염증이 생길 가능성도 있습니다. 정기적으로 헤드스파를 이용하여 힐링을 느끼면서 두피 환경을 케어합시다.

Q. 샴푸로 몸을 닦아도 괜찮을까?

샴푸에 포함된 성분들은 몸을 씻어도 문제없는 성분들입니다. 그러나 샴푸는 모발을 세정하는데 적합한 성분을 사용하고 있기 때문에 샴푸로 몸을 씻으면 「끈적거리는 느낌」 때문에 쾌적하게 사용할 수 없습니다. 몸은 비누나 바디워시 등 전용 화장품으로 씻는 것을 추천합니다.

제4장

모발의 건강과 아름다움을 유지하기 위한

트리트먼트에 도움이 되는 모발과학

헤어케어에 대한 관심이 높아지는 요즘의 트리트먼트는, 살롱메뉴의 주요 메뉴가 되었습니다. 모발과학의 지식은 그 기술은 물론, 매장 판매 제안과 고객의 케어 어드바이스에도 빼놓을 수 없습니다. 제4장에서는 트리트먼트에 대한 이해를 심화시킵니다.

트리트먼트의 모발과학

살롱워크 발상으로 배우는 제4장의 주제들

고객과의 대화를 계기로 생긴 우연한 의문을 해결해 갑니다.
제4장은 「트리트먼트」에 도움이 되는 주제를 다루고 있습니다.

STEP.1 → p.62로

모발이 예뻐지는 이유는 왜?

트리트먼트의 메커니즘을 확인해 보자.

트리트먼트는 어떤 점이 좋아?

STEP.2 → p.66으로

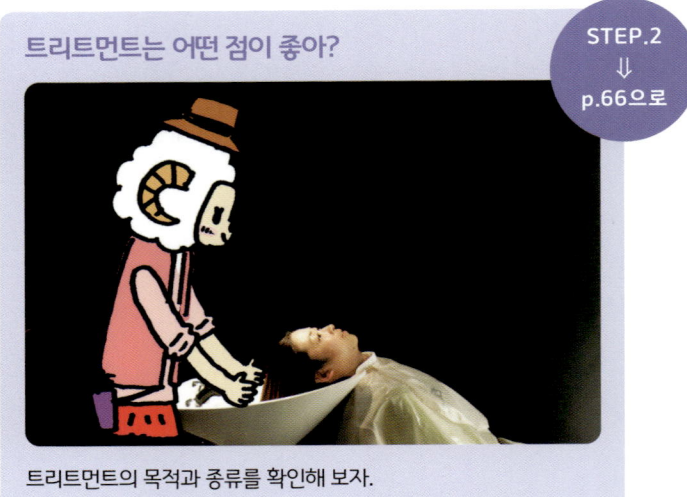

트리트먼트의 목적과 종류를 확인해 보자.

여기에서는 이른바 트리트먼트의 "지름길"에 관해서 이야기해 보겠습니다. 산열트리트먼트와 화학적인 반응에 따라 곱슬을 완화시키거나 「머릿결 개선 메뉴」는 제8장(129 페이지~)에서 해설하겠습니다.

시술 기술과 사용 포인트를 확인할 수 있는 Q&A 코너도 있어요!

[준비체조] 제4장 스트레칭

생활양식&유행과 함께 진화 트리트먼트의 역사

헤어스타일의 유행뿐 아니라 생활양식과 소비자의 의식 변화와 함께 트리트먼트도 진화.
우선은 트리트먼트의 역사를 배워 보자.

연도	주요 사건
1960년대	● 가정용 린스가 등장 이때 린스는 뜨거운 물로 희석한 것을 머리에 뿌리는 타입.
1975년경	● 모발에 직접 도포하는 타입의 린스가 등장 명칭도 「린스」에서 「컨디셔너」로.
1980년대 말	● 「아침에 샴푸」가 유행 롱스타일과 모발 전체에 가는 웨이브를 만드는 헤어스타일이 유행. 손상을 고려해서 고중합 실리콘(끝이 갈라진 모발을 케어하는 성분)이 사용되었다. 또, 바쁜 아침 시간을 단축하는 아이템으로 샴푸와 린스가 합쳐진 「린스 인 샴푸」가 등장. ※아침 샴푸…아침에 세면대에서 하는 샴푸를 말한다. 가정용 세면대가 대형화된 것도 이쯤부터.
1990년대	● 헤어컬러·퍼머 유행에 의해 트리트먼트가 등장 이쯤부터 가정용 트리트먼트가 보급. 일상 시에 컨디셔너를 주 1회 스페셜 케어로 트리트먼트를 사용하는 케이스가 많았다.
2000년대~	● 헤어케어 의식이 높아진다 헤어 마스크·헤어 팩 등 트리트먼트보다도 고성능 헤어 케어 제품이 등장. 미용실 등에서는 아웃바스 트리트먼트도 보급되기 시작한다.

트리트먼트의 종류

트리트먼트는 왜 필요?
어떤 타입이 있을까?

자연스럽게 샴푸 다음으로 진행하는 트리트먼트이지만 그 목적과 역할에 관해서 다시 생각해 봅시다. 다양한 트리트먼트의 종류에 대해서도 정리합니다.

이럴 때 알아 두면 좋은 지식은 이것!

POINT 1 트리트먼트의 목적

POINT 2 트리트먼트의 종류

POINT 3 씻어내지 않는 트리트먼트와 씻어내는 트리트먼트의 차이

POINT 4 살롱 전용 판매 제품과 시중 판매 제품의 차이

POINT 1 트리트먼트의 목적

트리트던트는 모발 내부에 수분과 유분을 흡수시키고 모발 표면을 보호하여 외부 자극으로부터 모발을 보호하며, 잘 손상되지 않고 윤기 있는 모발을 만든다. 또 촉감이나 손가락 빗질을 좋게 하는 목적이 있다.

모발의 윤기가 인상(이미지) 변화에 주는 효과

최근 연구에서 모발의 윤기는 사람의 인상에 크게 영향을 미치고 있는 것으로 나타났다. 모발의 윤기는 아래 도표와 같이 그 사람의 인상에 대한 효과를 높이며, 그 중에서도 「귀엽다」「예쁘다」「젊다」「청결하다」「엘레강트」「스타일리쉬」「화려하다」라고 하는 인상을 더 효과적으로 높이는 것이 밝혀졌다. (그림 1). 또, 모발의 윤기는 호감(선호도)에 주는 무의식적 효과도 크며, 중명도(8레벨 정도)의 모발이 윤기가 많을 경우, 가장 호감을 높일 수 있다. (그림 2).

그림1 모발의 윤기로 높아지는 이미지 변화

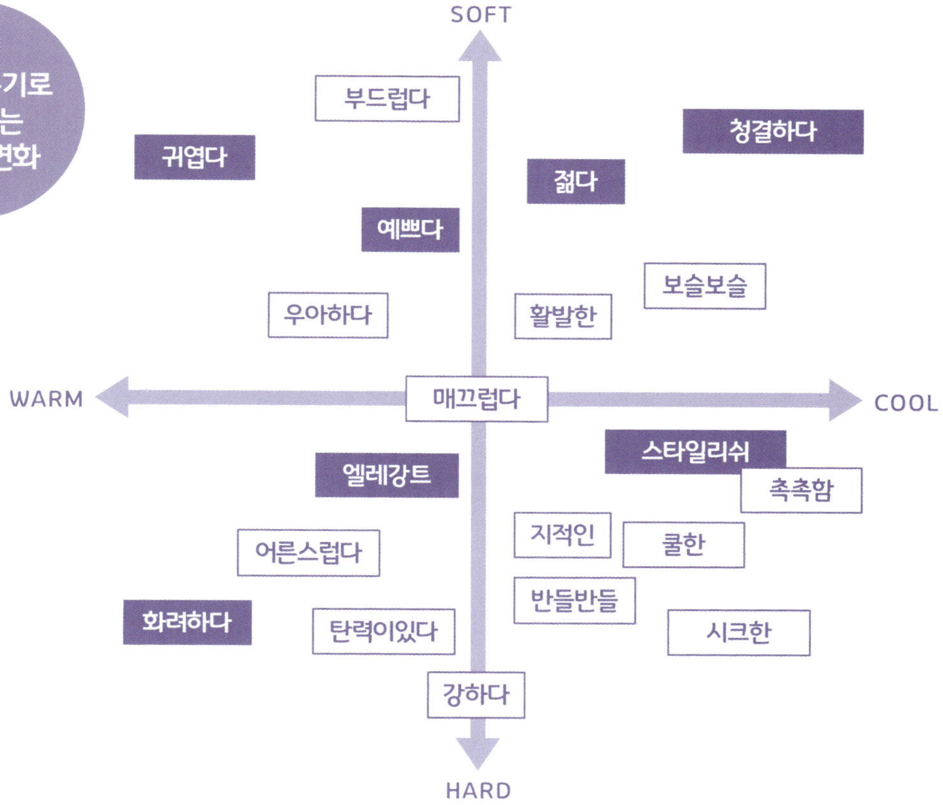

SOFT / HARD / WARM / COOL 축에 배치된 이미지 키워드:
- 부드럽다, 귀엽다, 청결하다, 젊다, 예쁘다, 우아하다, 활발한, 보슬보슬, 매끄럽다
- 엘레강트, 스타일리쉬, 촉촉함, 어른스럽다, 지적인, 쿨한, 화려하다, 탄력이있다, 반들반들, 시크한, 강하다

그림2 「선호도」 평점

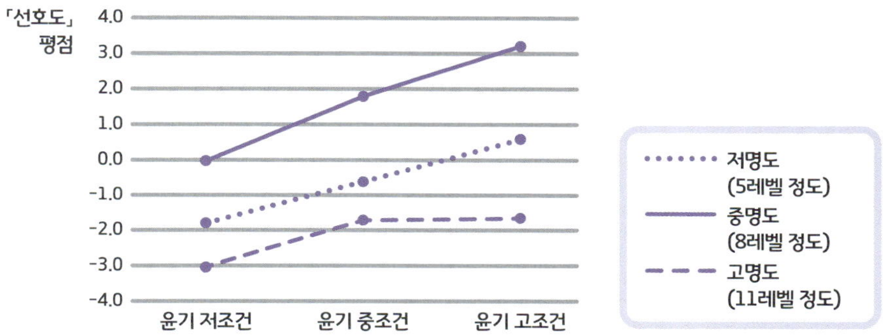

- ······ 저명도 (5레벨 정도)
- ─── 중명도 (8레벨 정도)
- ─ ─ ─ 고명도 (11레벨 정도)

X축: 윤기 저조건, 윤기 중조건, 윤기 고조건
Y축: 「선호도」 평점 (-4.0 ~ 4.0)

63

POINT 2 　트리트먼트의 종류

린스부터 컨디셔너 아웃바스 트리트먼트까지 다양하게 전개되고 있는 트리트먼트.
각 헤어 케어제의 종류와 메커니즘을 이해하자.

린스
샴푸 후 젖은 모발(음의 전기를 띠고 있다)에 린스의 주성분인 카티온(양이온) 계면활성제가 흡착한다. 모발의 표면에 피막을 만들어 매끄러운 모발을 정돈하기 쉽게 하고 정전기 발생을 막는다.

컨디셔너
린스의 보호 효과를 보다 높인 것. 린스에 비해 유제나 컨디셔닝 성분의 배합이 많아지고 있다.
최근 모발이 손상된 사람이 증가함에 따라 샴푸 후에 린스와 동일하게 사용되는 경우가 많아지고 있다.

트리트먼트
주성분인 카티온(양이온)성 계면활성제나 유제가 모발의 표면에 흡착되어 모발을 매끈하게 만든다. 또한 트리트먼트 성분(유분·수분·PPT 등)을 모발 내부에 보급하여 손상된 모발을 건강한 상태에 가깝게 만든다.

헤어팩·헤어마스크
헤어팩, 헤어마스크와 모두 기본적으로 트리트먼트와 동일하게 만든다. 목적에 따라 케어 성분의 함유량을 높이고, 집중적으로 작용시킴으로써 컨디셔닝 기능을 보다 충실하게 한 것이 「헤어팩」「헤어마스크」로 불린다.

아웃바스 트리트먼트 (씻어내지 않는 트리트먼트)
샴푸나 트리트먼트 후 젖은 모발이나 마른 모발에 사용한다 드라이어의 열을 이용하는 타입도 있다. 간편하게 사용할 수 있으며 씻어내는 타입의 트리트먼트보다 지속성이 높다. 단, 사용량을 잘못하면 끈적임의 원인이 된다.

시스템 트리트먼트
주로 살롱 메뉴로 사용되는 트리트먼트는 아래와 같은 2타입이 있다.

<조합 반응 유형>
서로 다른 성분끼리 반응시킴으로써 모발에 정착한다. 2제식과 3제식으로 작용과 흡착 효과, 지속성을 향상시킨다. 지속성이 높은 반면, 손이 많이 가고 사용법이나 순서를 틀리면 효과를 발휘할 수 없다.

<조합 덧칠 타입>
전처리제로 성질과 분자량이 다른 PPT, 유분 등을 손상에 따라 덧발라 트리트먼트의 효과를 향상시킬 수 있다. 분자량이 큰 성분이나 카티온(양이온)화된 성분을 함유. 지속성이 높은 반면 손이 많이 간다.

씻어내지 않는 트리트먼트와 씻어내는 트리트먼트의 차이

일반적으로 「씻어내지 않는 트리트먼트 (아웃바스트리트먼트)」. 집에서 일반적으로 사용하는 경우도 많다. 왼쪽 페이지에서 본 것처럼 「씻어내지 않는 트리트먼트」는 「씻어내는 트리트먼트(인바스트 트리트먼트)」보다도 지속성이 높다는 특징이 있는데, 그 외의 차이점은? 각각의 특징을 알아보자.

씻어내지 않는 타입

…제형의 자유도가 높다.
(크림, 오일, 미스트 등). 소량으로 효과를 볼 수 있고 케어 성분의 모든 것이 모발에 남는(효율성이 높다) 특징이 있다. 단, 너무 많이 도포하면 끈적끈적 해지고 불쾌함이 생긴다.

씻어내는 타입

…기본적으로는 크림 형태.
도포의 용이성, 익숙한 것이 특징으로, 과잉 도포로 인한 실패가 적다. 함유되어 있는 케어 성분 중 일부가 씻겨 나가지만 샴푸와의 시너지 효과가 있다.

살롱 전용 판매 제품과 시중 판매 제품의 차이

미용실에서 판매되는 「살롱 전용 판매 제품」과 화장품 전문점 등 시중에서 구입 가능한 「시중 판매 제품」 트리트먼트. 구입하는 고객에 따라 각각 장점과 단점이 있다. 이 차이를 파악하고, 확실하게 설명할 수 있도록 하자.

	살롱 전용 판매 제품	시중 판매 제품
장점	● 손상 상태·머릿결·마무리의 질감 등에 맞춰 폭넓게 대응할 수 있다. ● 스타일리스트의 어드바이스를 받고 고객이 자신에게 가장 적합한 것을 찾을 수 있다. ● 보수성·지속성이 높다.	● 실제 점포와 인터넷에서 손쉽게 구입할 수 있다. ● 전용 판매 제품과 비교해서 가격이 저렴하다.
단점	● 살롱 등 한정된 점포에서 밖에 구입할 수 없다. ● 살롱 스탭과의 커뮤니케이션이 필수가 된다. ● 시중 판매 제품과 비교해 가격이 높은 경우가 많다.	● 보수성·지속성이 높은 것이 적다. ● 스타일리스트에게 상담할 수 없기 때문에 자신의 머릿결에 적당한 것을 찾기 어렵다.

트리트먼트 메커니즘

트리트먼트로 모발이 왜 예뻐질까?

그럼 트리트먼트를 하면 왜 모발이 예뻐질까요?
여기에서는 그 주요 성분이나 메커니즘 등에 관해서 배워보겠습니다.

이럴 때 알아 두면 좋은 지식은 이것!

POINT 1 트리트먼트 주요 성분

POINT 2 모발의 컨디션을 조절하는 메커니즘

POINT 3 실리콘은 무엇일까?   **POINT 4** 실리콘은 두피에 나쁠까?

트리트먼트 주요 성분

트리트먼트에 함유된 성분 중 특징적인 것은 「카티온(양이온)성 계면활성제」라고 불리는 물과 유분 모두 잘 어울리는 성질을 가진 성분 (자세한 것은 POINT ② 참조). 그 외에는, 모발의 상태를 정돈하는 다양한 유분과 실리콘, 보습성분 외 트리트먼트 품질을 뒷받침하는 안정제, 방부제, 향을 내기 위한 향료 등이 배합되어 있다. 각각의 대략적인 배합량은 아래의 그림과 같다.

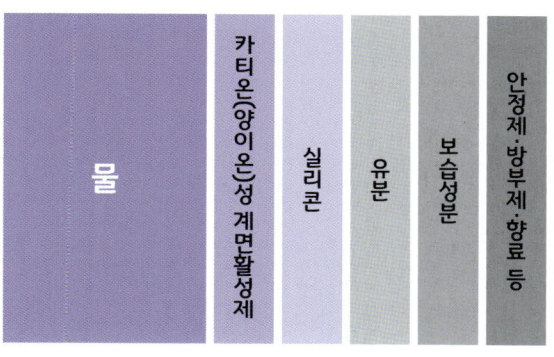

- **카티온(양이온)성 계면활성제**: 스테아트리모늄클로라이드, 베헨트리모늄클로라이드, 벤헨트리모늄메토설페이트 등
- **보수성분 실리콘**: 디메치콘, 디메치콘올 **유분**: 세토스테아릴알콜, 이소노난산 이소노닐, 시어버터 등 **보습성분**: 가수분해케라틴, 가수분해콜라겐, 글리신 등
- **안정제·방부제**: EDTA-2Na, 메틸파라벤, 페녹시에탄올 등

모발의 컨디션을 조절하는 메커니즘

제3장에서 배운 것처럼 계면활성제는 다양한 종류가 있으며(48 페이지 참조), 트리트먼트에 포함된 「카티온(양이온)성 계면활성제」는 양전하(플러스 이온성)을 띠고 있다. 트리트먼트 중 카티온(양이온)성 계면활성제는 친수기(물에 친숙한 부위)를 외측(바깥측)으로, 친유기(기름과 친숙한 부위)는 내측(안쪽)으로 하여 트리트먼트에 포함된 유분을 둘러싸면서 「미셀(콜로이드 입자)」이라고 불리는 구조를 형성한다.

이것이 모발에 도포되면 모발 속에 존재하는 음전하(마이너스 이온성)와 전기적으로 맞닿아 모발에 흡착한다. 동시에, 미셀 내부의 유분도 부착되어 모발 전체에 작용하여 촉촉함을 더해준다.

그리고 트리트먼트를 헹궈내면 카티온(양이온)성 계면활성제와 유분이 적당히 씻겨 나가 일부가 남는다. 모발은 양전하에 대전되기 때문에, 전기적 반발에 의해서 모발이 서로 얽히기 어려워지면서 부드럽고 매끄러운 촉감이 된다.

트리트먼트가 움직이는 구조

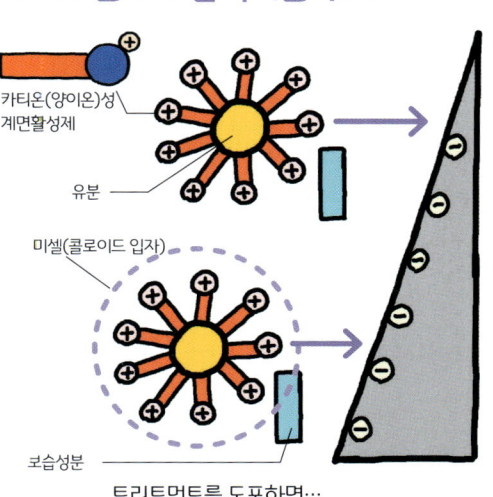

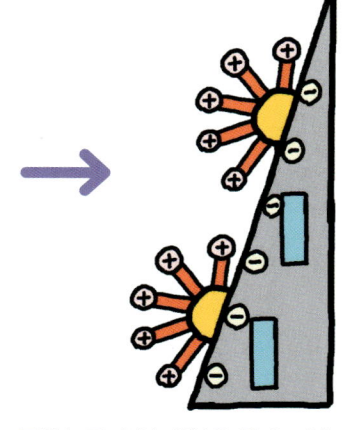

모발속 마이너스 전하와 당겨, 미셀 내부의 유분이 달라붙는다.

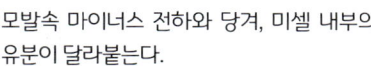

※ 트리트먼트는 보통 샴푸 후에 사용되는데 샴푸에는 「아니온(음이온)성 계면활성제」라고 불리는 음전하를 가진 성분이 포함되기 때문에 미셀이 모발에 흡착되는 효과가 한층 높아진다.

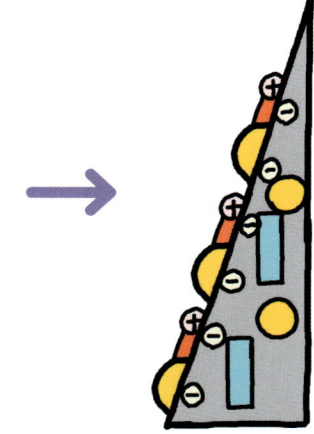

보습 성분과 유분이 모발 전체에 작용하고 수분을 준다 트리트먼트를 씻어내면 카티온(양이온)성 계면활성제와 유분이 적당히 남아 잘 얽히지 않고 부드러운 촉감으로 사용할 수 있다.

POINT 3 실리콘은 무엇일까?

실리콘은, 모발의 손상을 보수하고 촉촉함과 매끄러움, 윤기를 주기 위한 목적으로 많은 트리트먼트에 배합되어 있다. 실리콘에는 다양한 종류가 있고 모발 전체에 균일하게 부착되는 「다이메틸폴리실록산」, 모발의 손상 정도가 높은 부위에 잘 흡착하는 「아미노산성 실리콘」, 광택·윤기가 매우 높은 「페닐변성실리콘」 등이 있다. 이들을 잘 조합함으로써 제조사들은 트리트먼트의 기능을 조절하고 있는 셈이다.

단, 당연히 실리콘의 과잉 배합은 바람직하지 않다. 너무 많으면 매일 하는 샴푸로 실리콘을 다 씻지 못해 표면에 잔류하게 된다. 그리고 트리트먼트를 너무 자주 하게 되면 실리콘이 축적되어 트러블의 원인이 된다.

실리콘의 종류

실리콘의 종류	대표적인 성분 명칭	특징
다이메틸폴리실록산	디메티콘 등	헤어케어 제품 전반에서 가장 많이 사용된다. 저분자~고분자의 폭넓은 타입이 있으며, 분자량에 따라 보습성·매끄러움·피막형성·점착성의 정도도 크게 다르다.
아미노산성실리콘	아미노변성 실리콘 등	아미노기를 가지고 있어 모발 손상 부위에 흡착이 용이한 특징이 있으며 보다 강력한 피막형성·보습 효과를 갖는다.
페닐변성실리콘	페닐트라이메티콘 등	높은 굴절률을 가지므로 광택·윤기·신장성(늘어나는 성질)과 촉감 부여의 효과가 높다.

모발 표면의 상태 변화

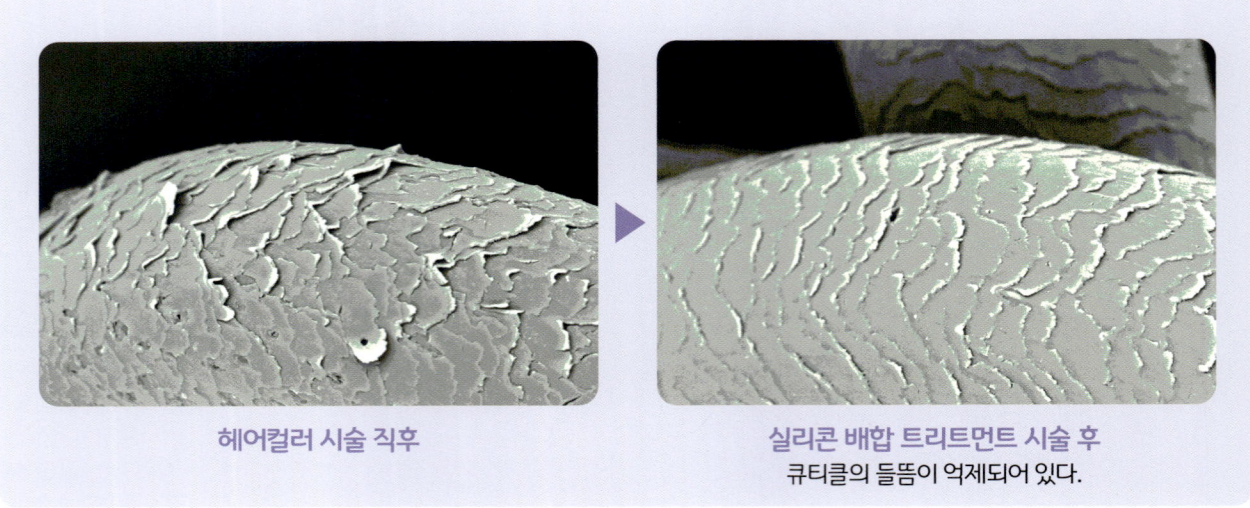

헤어컬러 시술 직후 ▶ 실리콘 배합 트리트먼트 시술 후
큐티클의 들뜸이 억제되어 있다.

실리콘은 두피에 나쁠까?

실리콘은 모공을 막히게 한다고 하는 이야기가 있는데, 과연 그것은 사실일까……?
피지의 과잉 분비와 오염으로 두피의 모공이 막혀 모발의 발육과 냄새, 헤어스타일 등에 나쁜 영향을 끼친다고 알려져 있지만 실은 실리콘이 모공에 막힌다는 보고는 지금까지는 없다.
다만, 모발의 뿌리 부근에 실리콘이 부착되면 그 무게에 의해 탑 볼륨이 떨어지기 쉬워진다.(아래 그림 참조).
모발의 컨디션을 정돈하는 뛰어난 힘을 발휘하는 실리콘의 특징을 이해하고 올바르게 사용하는 것이 중요하다.

뿌리의 볼륨 비교 시험

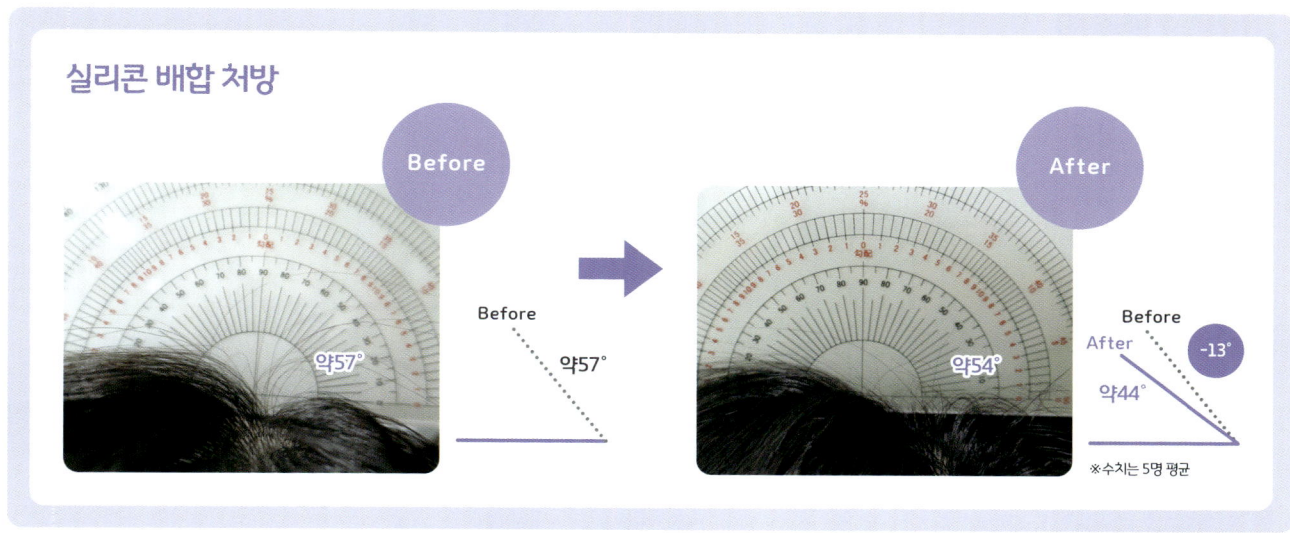

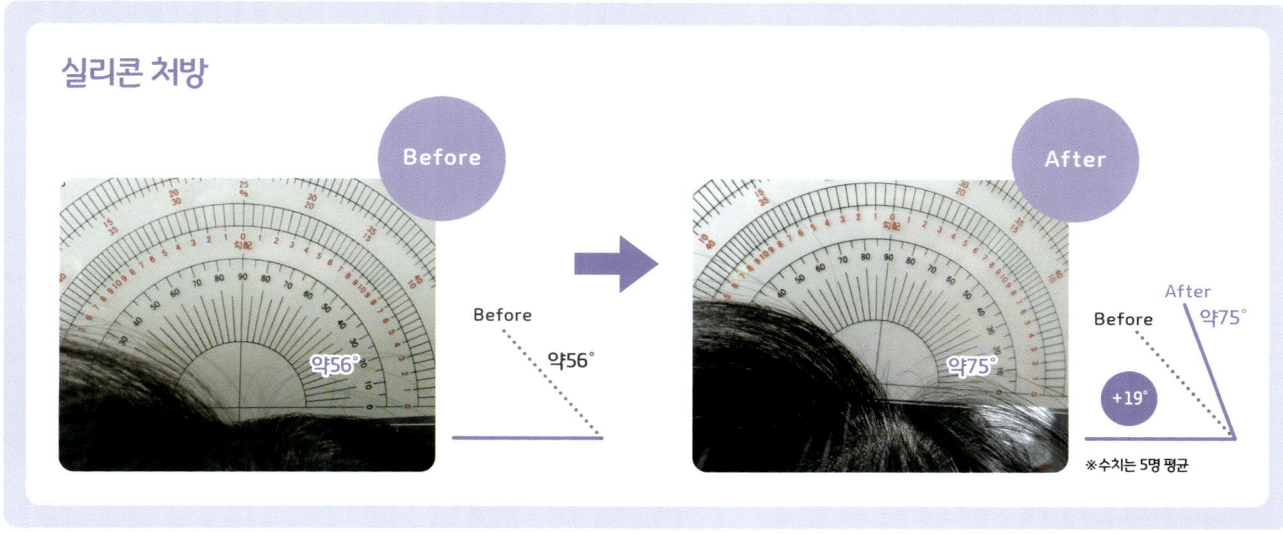

실리콘 배합의 약제와 미배합 약제를 모발에 각각 도포.
그것들을 씻어내고 건조시킨 후 뿌리의 볼륨을 계산해서 전처리제와 비교했다.

트리트먼트의 질문을 해결!

이젠 설명할 수 있다!

Q 헤어트리트먼트는 두피에 발라도 되나요?

A 「모발용」은 두피에 바르지 않는다.

두피케어를 목적으로 하는 스캘프(두피) 트리트먼트의 경우에는 두피에 적극적으로 도포하는 것이 효과적이다. 한편 헤어트리트먼트의 목적은 「모발 손상 보수」입니다. 그러므로 가장 손상되기 쉬운 「모발끝」부터 도포하는 것이 좋습니다. 헤어트리트먼트를 두피부터 바르면, 뿌리 부근에 과도하게 부착되어 끈적임이 생기고 모발 손질이 어려울 수 있으니 조심합시다. 각각의 트리트먼트의 목적을 이해하고 올바르게 사용하는 것이 중요합니다.

Q 잘 발랐는데, 마무리가 별로 안 좋은 것 같은 느낌이 드는 건 왜?

A 포인트를 알아두고 효과를 올리자!

헤어트리트먼트의 마무리를 좋게 하기 위한 키워드는 「모발끝」「균일」「침투」. 각각에 관련된 도포 방법의 기술이 3가지 있습니다.

① 모발끝부터 확실하게 도포한다.

뿌리부터 도포를 시작하면 모발끝 부분에 닿을 즈음에 약제가 없어져 상대적으로 부착량이 줄어듭니다. 신생부인 뿌리 부근은 손상 정도가 낮아 손에 남은 것을 가볍게 바르는 정도로도 충분합니다. 가장 손상이 심한 모발끝 부분에 트리트먼트가 많이 발리도록 유의합니다. 이러한 생각이 "뿌리를 폭신폭신하게, 모발끝을 가라앉게"라고 하는 이상적인 마무리에 가까워질 수 있는 첫걸음입니다.

② 굵은 빗으로 고르게 편다

헤어트리트먼트는 젖은 상태의 모발에 도포하기 때문에 어디에 발랐는지 겉으로 보기에는 확인이 어렵고 발랐다고 해도 보이지 않는 부분이 발리지 않았다, 라고 하는 현상이 발생하기 쉽습니다. 그 우려를 간단하게 해결해 주는 것이 코밍(빗질). 이 작은 과정이 보다 균일하고 손질이 쉬운 마무리로 연결될 것입니다.

③ 가온과 방치를 적절히 사용하여 침투시킨다

헤어트리트먼트의 효과는 도포 후에 몇 분간 방치하거나 촉진기나 찜 타월 등으로 데우거나, 약제가 보다 잘 침투하기 쉽도록 해줌으로써 더 효율적입니다. 시간이 있을 때는 평소보다 시간을 들여 한 단계 위의 마무리를 목표로 합시다.

여기에서는 트리트먼트 시술 방법과 선택 방법에 대한
메리씨의 질문에 사이몬 박사가 답합니다.

Q 아웃바스(씻어내지 않는) 트리트먼트의 종류가 많아서, 어떻게 구분해서 사용해야 할지 모르겠습니다.

A 머릿결과 원하는 질감, 라이프 스타일을 고려하면 가장 적합한 것이 저절로 보인다!

아웃바스(씻어내지 않는) 트리트먼트를 분류하면, 주로 아래의 3가지 타입으로 나눌 수 있습니다.

① 오일 타입

가장 일반적인 제형으로 오일 성분에 의한 코팅 효과와 보습 성으로 마찰의 열로부터 모발을 보호한다. 실리콘 베이스부터 식물유 베이스까지 텍스처 베리에이션의 폭이 넓고 촉촉함과 진정 효과를 얻기 쉬운 것이 특징이다.

<실리콘 베이스>

「디메티콘」「디메치콘올」등의 실리콘이 많이 함유되어 있고 코팅 효과가 높다. 손에 덜으면 약간 점성이 있지만 모발에 바르면 부드럽고 보송보송해진다. 손상에 의한 모발의 엉킴이나 걸림을 개선하여 손가락빗질을 좋게 하고 싶은 분에게 추천.

<식물유 베이스>

「참기름」「호호바 오일」등 식물유가 많이 함유되어 있고 실리콘류는 배합되어 있지 않은 것이 많다. 보습효과가 매우 높고 촉촉함과 안정감을 얻을 수 있다. 다발감이 잘 생겨 스타일링제로 사용되기도 하며 이른바 "오일감"을 원하는 분에게 추천.

② 크림/밀크 타입

수분과 유분의 밸런스가 좋고 헤어트리트먼트 베이스의 제형. 오일 타입에서는 얻을 수 없는 촉촉함을 느끼기 쉬운 것이 특징이다. 너무 가라앉지 않고 부드럽게 마무리되기 때문에 움직임을 보이고 싶은 퍼머 스타일에도 사용하기 쉬운 아이템이다.

③ 미스트/리퀴드 타입

보습제 등 수분이 많이 함유된 화장수 베이스의 제형. 흐트러진 모발을 정리하는 아이템 외에 두피에도 사용할 수 있는 것도 존재한다. 모두 보송보송하고 부드러운 실루엣을 만들 수 있다. 납작해지기 쉽고 볼륨감을 원하는 분에게 최적의 제품.

이러한 특성을 확실하게 이해하고 고객 개개인의 머릿결과 희망, 라이프 스타일에 맞는 트리트먼트를 제안합시다.

제4장에서는, 트리트먼트에 관련된 모발과학에 관해서 배워 보았습니다. 살롱에서의 제안은 물론 고객이 집에서 하는 일상적인 헤어케어에 관해서도 확실한 뒷받침이 되는 지식을 바탕으로, 최적의 어드바이스를 할 수 있도록 합시다.

제4장 모발과학 마스터로의 길
복습 테스트

아래의 질문에 관해서 각각 답해주세요.

● 트리트먼트에서 실리콘의 역할은 무엇인가요?

고객이 물으면 이렇게 대답하자!
[제4장 살롱워크에서 사용할 수 있는 스탠바이 코멘트집]

Q. 트리트먼트를 매일 해도 될까?

기본적으로 문제는 없습니다. 고객의 모발 상태에 따라 다르지만 손상이 심한 경우에는 트리트먼트를 매일 해서 케어 할 필요가 있습니다. 그러나, 집중 트리트먼트나 헤어 팩(마스크) 등을 매일 사용하면 손상이 케어됨에 따라 필요 이상으로 트리트먼트가 기능을 하여 (오버 트리트먼트) 무겁게 되거나, 촉감이 나빠지기 때문에 제품 라벨의 사용 기준 등을 참고하여 사용량과 횟수를 조정해 주세요.

Q. 모발이 푸석푸석하고 엉키거나 퍼지기도해요. 어떻게 하면 좋을까요?

모발은 건조하면 푸석푸석하고 잘 엉키게 됩니다. 두피의 상태와 머릿결에 적합한 샴푸를 선택하고, 손가락의 지문 쪽을 이용해 두피 전체를 부드럽게 마사지하듯이 씻어 주세요. 또, 젖은 모발은 손상을 쉽게 받는 상태가 되기 때문에 반드시 드라이어로 말려 주세요. 또한 드라이 전에 씻어내지 않는 트리트먼트를 사용하면 엉킴을 억제할 수 있습니다. 스페셜 케어로서 살롱에서 진행하는 트리트먼트를 추천합니다.

Q. 트리트먼트는 시간을 두고 헹구는 것이 좋을까?

기본적으로, 집에서는 트리트먼트를 하고 바로 씻어도 효과를 얻을 수 있습니다. 촉감을 더욱 좋게 하기 위해서는 시간을 두어도 좋습니다. 모발에 보수 성분의 침투가 높아집니다. 그때 방치 시간은 1~3분 정도로도 충분합니다. 너무 오래 방치하면 모발의 상태에 따라 끈적임을 유발할 수 있기 때문에 시간을 조정해서 사용해 주세요.

Q. 트리트먼트로 헤어컬러의 유지기간을 늘릴 수 있을까?

트리트먼트에 따라 헤어컬러의 퇴색을 억제할 수 있습니다. 퇴색의 주요 원인은 샴푸의 세정 성분이 모발에 들어가 색소를 씻어내 버리는 것이기 때문에 트리트먼트로 모발을 확실하게 보수해 줌으로써, 색소가 모발 내부에 머물기 쉬워집니다. 색소가 빠지기 쉬운 컬러 직후의 모발에는 살롱에서의 시스템 트리트먼트를 추천합니다.

제5장

머리를 예쁘게 염색하기 위한
헤어컬러의 구조 파악 ①

헤어디자인의 요소로서 빼놓을 수 없는 헤어컬러. 한 단어로 "헤어컬러"라고 해도 그 종류는 실제로 매우 다양합니다. 그래서 제5장에서는 종류마다 특징과 주요 성분을 소개하며 각각의 구조를 상세하게 설명하겠습니다. 모발과학의 지식을 배우고 헤어컬러를 더욱 깊이 있게 배워 봅시다.

헤어컬러의 모발 과학

살롱워크 측면에서 배우는 제5장의 주제들

고객과의 대화를 계기로 모발 과학의 지식이 깊어졌습니다.
제5장은 헤어컬러를 위한 과학을 배워보겠습니다.

STEP.1 ⇩ p.76으로 — 모발의 원래 색은?

모발이 원래 가지고 있는 색소의 비밀에 관해서 알아보자.

STEP.2 ⇩ p.78로 — 헤어컬러제의 종류와 특징은?

시중에 유통되는 다양한 타입의 헤어컬러제의 특성을 알아보자.

STEP.3 ⇩ p.80으로 — 알칼리컬러제의 구조는?

알칼리컬러제로 모발이 염색되는 메커니즘을 알아보자.

STEP.4 ⇩ p.84로 — 왜 명도의 차이가 생기는 걸까?

알칼리컬러제로 명도의 차이를 만들 수 있는 이유를 알아보자.

STEP.5 ⇩ p.86으로 — 블리치의 구조는?

블리치제로 모발이 밝아지는 메커니즘을 알아보자.

STEP.6 ⇩ p.90으로 — 헤어매니큐어의 구조는?

헤어매니큐어로 모발이 염색되는 메커니즘을 알아보자.

[준비체조] 제5장 스트레칭

구석기 시대부터 풀어나가는 헤어컬러의 역사

인류가 처음 모발을 물들인 것은 의식을 위한 것이었다!?

헤어컬러에 유용한 모발과학을 배우기 전에, 준비체조!
헤어컬러의 역사를 살펴보는 것부터 모발과학의 문을 열어 봅시다.

헤어컬러란 언제부터 있었을까?

헤어컬러의 기원은 구석기시대 후기, 의식을 할 때 수목의 즙을 사용해서 모발을 염색한 것이라고 한다. 그 후, 19세기에는 산화염료(파라페닐렌디아민)과 과산화수소가 발견되어 오늘날 자주 사용되고 있는 산화형염모제(알칼리 컬러제)가 탄생했다. 산화염료와 과산화수소와의 조합에 의해 만들어진 헤어컬러제는 1883년에 프랑스에서 특허를 취득 일본에서는 1916년경부터 발매되었다.

"모발을 물들이고 싶다" 라는 감정은 인류의 DNA에 들어 있을지도…….

헤어컬러 연표

구석기 시대	기원전 3000년	기원전 350년	1183년	1818년	1863년	1883년	1905년	1907년	1916년	1955년	1965년
수목의 즙 등을 의식할 때 사용.	이집트와 아시리아(현 이라크) 등에서는 화초의 색소인 헤나와 인디고 등으로 염모.	그리스인이 모발을 블론드로 물들인 기록이 남아 있다.	책에 사용하는 먹을 사용한 흰머리 염색이 기술되어 있다(일본에서 가장 오래된 헤어컬러 기록).	과산화수소 발견.	산화염료(파라페닐렌디아민)이 독일인에 의해 발견.	헤어컬러의 특허를 프랑스인이 출원.	오하구로식(매염염모법 탄닌산+철)이 발매.	일본에서 처음 산화염료에 의한 헤어컬러가 도입된다.	과산화수소를 사용한 헤어컬러제.	화려한 염색이 시작.	화려한 염색이 보급되기 시작한다. 블리치, 컬러린스, 컬러 스프레이, 헤어매니큐어 등 개발이 시작.

1970년	1985년	1990년	2000년대 ~ 현재
집에서 염색하는 홈케어 헤어컬러제가 보급되기 시작.	헤어매니큐어·산성 컬러가 보급되기 시작.	젊은 층에서 밝기와 색조를 주장하는 헤어컬러 붐을 일으킨다.	남녀노서 불문하고 헤어컬러가 더욱 일상적인 것으로 정착. 헤어컬러를 전문으로 하는 컬러리스트가 활약하는 살롱의 증가와 동시에 호일워크 등 고도의 기술과 이론이 주목을 받고 있다. 또, 모발과학 발색 이론 등 최신 기술을 적용한 헤어컬러제가 차례대로 발매된다.

알칼리컬러제가 일반적으로 보급된 것은 헤어컬러의 긴 역사 속에서 생각하면 최근의 이야기구나~

번역자 주: "오하구로" 치아를 물들이는 흑갈색의 액체(쇳조각을 감식초에 담가 만듦; 오래전 일본 상류 여성 사이에 유행했으며, 한때는 궁중에 근무하는 남자들 사이에도 행해졌으며, 나중에는 결혼한 여자가 사용하였음)

멜라닌 색소

원래 모발의 색은 무엇이 원인인 것일까?

모발이라는 소재에 채색을 하는 것이 헤어컬러입니다. 소재가 원래 가지고 있는 색을 모르면 아름다운 헤어컬러는 제안할 수 없습니다. 여기에서는 모발을 물들이는 것에 관한 과학에 앞서 모발이 원래 가지고 있는 색소에 관해서 배워보겠습니다.

이럴 때 알아 두면 좋은 지식은 이것!

POINT 1 원래 모발의 색은 어떻게 결정될까?

POINT 2 원래의 멜라닌 색소에 관해서 알고 싶다!

POINT 3 탈색되기 쉬운 멜라닌, 탈색되기 어려운 멜라닌

POINT 1 모발의 색은 어떻게 결정될까?

모발 내에 함유된 멜라닌 색소가 모발색의 근원. 멜라닌 색소는 검은색~갈색, 붉은갈색~노란색의 매우 작은 입자의 색소로 콜텍스 내에 존재하고 모구의 멜라노사이트에서 만들어진다. 모발에서 멜라닌 색소가 없어진 상태가 흰머리이다.

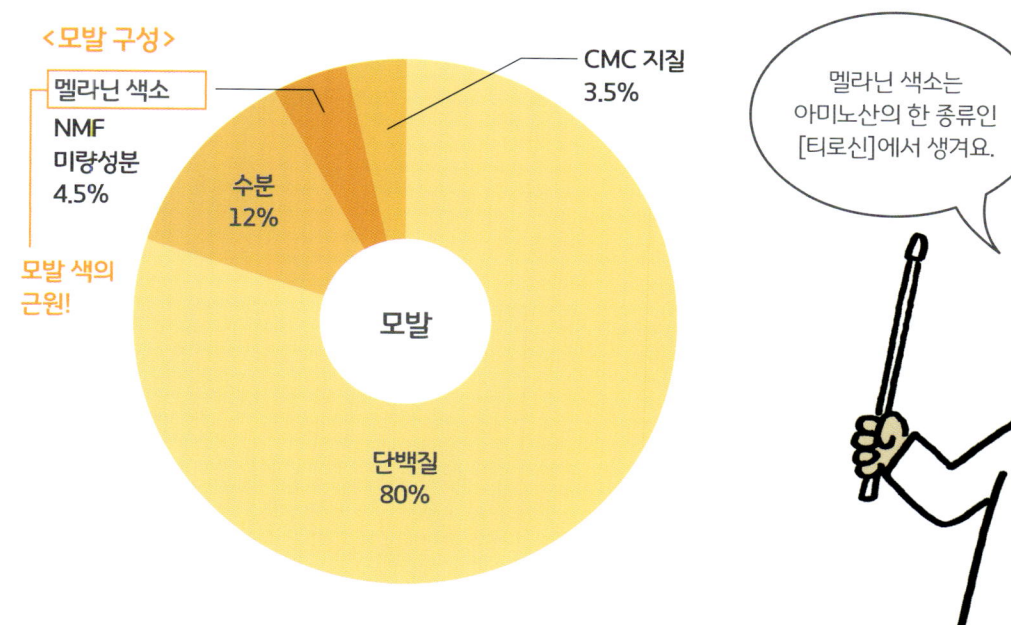

<모발 구성>
- 멜라닌 색소 — 모발 색의 근원!
- NMF 미량성분 4.5%
- 수분 12%
- CMC 지질 3.5%
- 단백질 80%

멜라닌 색소는 아미노산의 한 종류인 [티로신]에서 생겨요.

POINT 2 멜라닌 색소에 관해서 알고 싶다!

모발색을 결정하는 멜라닌 색소에는 검은색~갈색인 유멜라닌과, 붉은 갈색~노란색인 페오멜라닌 2종류가 있다. 그리고, 유멜라닌의 비율이 높거나 양이 많을수록 모발은 검은색이 된다. 즉, 검은 머리는 유멜라닌의 양이 많고 블론드 헤어는 적은 것.

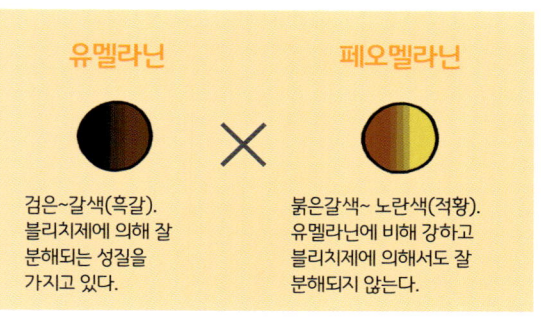

유멜라닌 × **페오멜라닌** = **원래 모발색**

검은~갈색(흑갈). 블리치제에 의해 잘 분해되는 성질을 가지고 있다.

붉은갈색~노란색(적황). 유멜라닌에 비해 강하고 블리치제에 의해서도 잘 분해되지 않는다.

유멜라닌과 페오멜라닌의 비율로 원래 모발색이 결정된다.

POINT 3 탈색되기 쉬운 멜라닌, 탈색되기 어려운 멜라닌

검은 모발을 블리치제로 탈색하면 붉은갈색→붉은색이 강한 오렌지→노란색이 강한 오렌지→노란색으로 도포 시간에 따라 변색된다. 이것은 블리치제의 영향을 잘 받는 유멜라닌(검은~갈색)이 우선 분해되고 페오멜라닌(붉은 갈색~노란색)이 분해되지 않고 남아있는 것이 큰 원인이다.

헤어컬러는 원래 색상을 가진 모발에 색상을 더하거나 빼거나 하는 행위. 멜라닌 색소는 무시할 수 없는 존재!

CHECK! 외워두자

모발에 함유된 유멜라닌과 페오멜라닌의 비율 차이에 의해 모발의 색이 결정된다.

헤어컬러제의 종류

헤어컬러제에는 어떤 타입이 있을까?

다음으로 헤어컬러제의 종류를 정리해 보겠습니다. 각각의 특징을 숙지하고 살롱워크에서 약제를 적절하게 사용하는 것은 물론 모발을 다루는 프로로서 홈컬러에서 사용되는 대부분의 제품 유형에 관해서도 말할 수 있도록 해봅시다.

1. 고객에게서 모르고 있었던 헤어컬러제의 정보를 듣고 흥미를 갖는 메리.
2. 고객은 천천히 가방 속에서 시중 판매 제품 트리트먼트 컬러를 꺼냈다.
3. 홈컬러의 이야기가 나오자마자 지식이 부족해진 메리.
4. 메리는 모발을 다루는 프로로서 홈 컬러를 포함한 다양한 헤어컬러제 타입이 알고 싶어졌다.

이럴 때 알아 두면 좋은 지식은 이것!

POINT 1 헤어컬러제의 분류

POINT 1 헤어컬러제의 분류

헤어컬러제는 약사법으로 염모제(의약외품)과 염모료(화장품)으로 분류되고 있다. 염모제에는 산화염료를 배합한 「산화형염모제」, 폴리페놀과 금속이온을 배합한 「비산화형염모제」, 염료가 배합되어 있지 않은 「탈색제」가 있다. 염모료에는 산성염료를 배합한 「산성염모료」, HC염료 등의 신규 염료를 넣은 신규 염모료, 일시적인 염모료 「모발착색료」가 있다.

<어떤 헤어컬러가 유통되고 있을까?>

약사법상 분류	의약외품(염모료)			화장품(염모료)		
명칭 (분류)	산화형염모제	비산화염모료	탈색제	산성염모료	염기성 염모료	모발착색료
주요성분	1제: 산화염료, 알칼리제 2제: 과산화수소	1제: 폴리페놀, 금속 이온	1제: 알칼리제, 과황산염 2제: 과산화수소	산성염모료 침투제, 산	염기성염모료 HC염료	안료 지용성염료
기능	멜라닌 색소 탈색 염료 분해	염료 발색	멜라닌 색소 탈색 염료 분해	염료 발색	염료 발색	염료 발색
특징	● 명도 업 가능 ● 색상 수가 풍부 ● 컬러 체인지가 쉽다 ● 모발 손상 동반 ● 피부가 잘 물들지 않는다 ● 염증(알레르기 반응)이 생길 수 있다	● 명도 업 할 수 없다 ● 검은색 계열의 색상밖에 없다 ● 퍼머를 하기 어렵다 ● 시간이 걸린다	● 염료가 배합되어 있지 않고 탈색만 한다 ● 모발에 손상이 크다 ● 염증(알레르기 반응)이 생길 수 있다	● 명도업 할수 없다 ● 피부가 잘 물든다 ● 컬러 체인지가 힘들다	● 명도업 할 수 없다 ● 모발 손상이 없다 ● 피부에 묻어도 잘 지워진다	● 손상 없음 ● 한 번의 샴푸로 지워진다
pH	중성~알칼리성	알칼리성	알칼리성	산성	약산성~알칼리성	—
색 유지	2~3개월	1개월	—	3~4주간	1~2주간	1일
통칭	● 알칼리 컬러제 ● 저알칼리컬러제 ● 산성산화형 컬러제	● 오하구로식 흰머리염색	● 파우더 블리치 ● 헤어 블리치 ● 라이트너	● 헤어매니큐어	● 컬러 린스 ● 트리트먼트 컬러 ● 헤어매니큐어	● 컬러 스프레이 ● 컬러 스틱

살롱에서의 사용빈도가 높은 산화형 염모제와 산성염모료의 특징을 확실하게 외워두자!

CHECK! 외워두자

시장에는 다양한 헤어컬러제가 유통되고 있다. 어떤 헤어컬러제를 사용하는지가 마무리와 색 유지 부분이 크게 다르다.

패션 컬러와 그레이 컬러의 차이

「패션 컬러」와 「그레이 컬러」는 사용 목적이 달라도 분류상 동일한 「산화형염모제」와 「염기성염모제」. 2가지 큰 차이는 각각의 색상(염료)이 다르다는 것이다. 패션 컬러로는 좀 더 선명하게 발색하기 위한 색상(염료)를 선택하였으며 그레이 컬러에서는 흰머리를 어우러지게 하기 위해서 탁한 색상(염료)을 선택하고 있다.

염기성 염모료란?

2001년 화장품 규제 완화에 의해 화장품에 배합이 가능해진 염기성 염료와 HC염료를 배합한 염모료. 주로 시판용 제품으로 보급되며, 컬러린스, 컬러트리트먼트로 매일 사용함으로써 조금씩 흰머리에 색상을 보강하는 것과 선명하게 발색이 되는 것이 판매되고 있다.

산화형 염모제의 메커니즘

알칼리 컬러제로 어떻게 모발이 물드는 것일까?

다음으로 살롱에서 사용빈도가 높은 산화형 염모제(알칼리컬러제)에 의해 모발이 물드는 구조를 배워봅시다.

이럴 때 알아 두면 좋은 지식은 이것!

POINT 1 산화형 염모제로 모발이 염색되는 구조
(알칼리컬러제)

POINT 2 산화형 염모제가 탈색과 발색을 일으키는 열쇠는 「산소」
(알칼리컬러제)

POINT 3 알칼리컬러와 저알칼리컬러의 차이

POINT 1 산화형 염모제(알칼리컬러제)로 모발이 염색되는 구조

알칼리컬러제는 산화염료와 알칼리제를 주성분으로 하는 1제와 과산화수소를 주성분으로 하는 2제가 있다. 1제와 2제를 혼합해서 사용하는 것으로 멜라닌 색소를 분해, 탈색하고 염료를 모발 내부에서 발색시켜 모발을 염색한다.

1제와 2제가 섞이는 순간부터 화학반응은 시작!

큐티클
큐티클 사이에 존재하는 CMC를 산화염료가 통과해 모발 내부에 염착한다.

멜라닌 색소
모발 원래의 색을 만드는 색소.

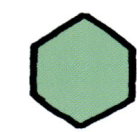
산화염료
헤어컬러의 색조. 산화염료의 염료 중간체와 커플러, 또는 염료 중간체끼리 결합하면 (=산화중합) 발색한다.

<알칼리컬러가 모발을 물들이는 프로세스>

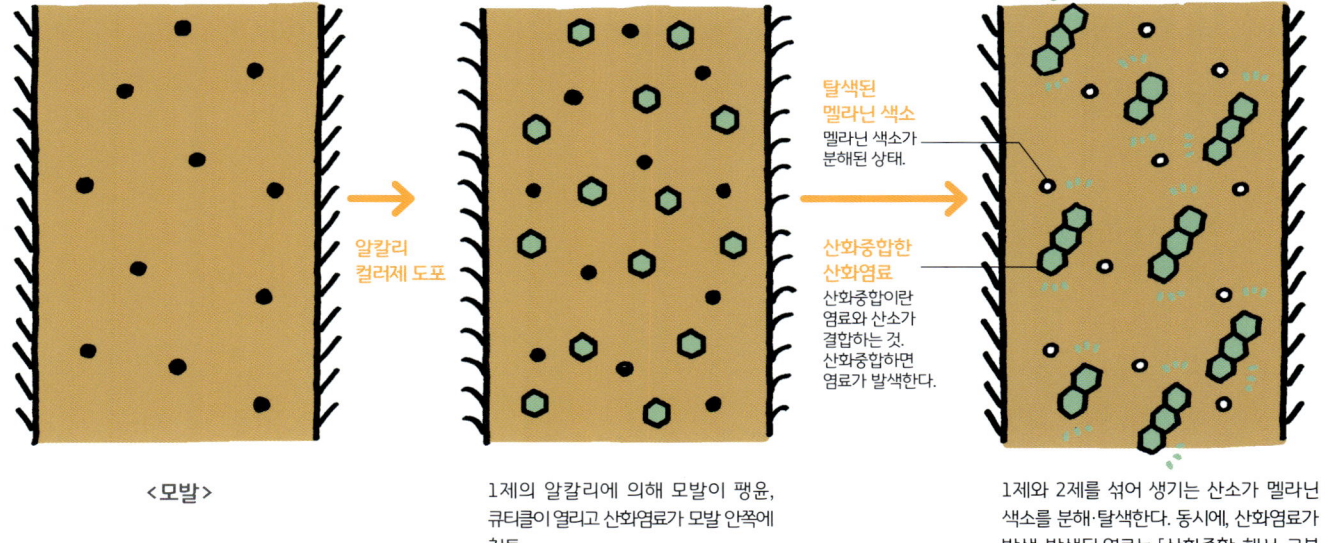

<모발>

알칼리 컬러제 도포

1제의 알칼리에 의해 모발이 팽윤, 큐티클이 열리고 산화염료가 모발 안쪽에 침투.

탈색된 멜라닌 색소
멜라닌 색소가 분해된 상태.

산화중합한 산화염료
산화중합이란 염료와 산소가 결합하는 것. 산화중합하면 염료가 발색한다.

1제와 2제를 섞어 생기는 산소가 멜라닌 색소를 분해·탈색한다. 동시에, 산화염료가 발색. 발색된 염료는 「산화중합」해서 고분자화하기(커지게 된다) 때문에, 외부로 잘 유출되지 않고 모발 내부에 잘 머무른다.

<산화중합 이미지>

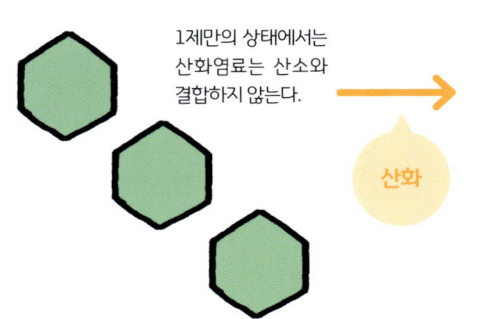

1제만의 상태에서는 산화염료는 산소와 결합하지 않는다.

산화

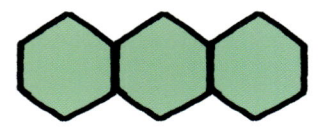

2제의 과산화수소 산화력으로 산화염료가 결합 「산화중합체」가 만들어져 발색이 시작된다.
※그림은 이미지입니다.

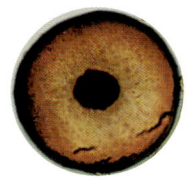

산화형 염모제로 염색 후 모발 단면 사진. 모발 내부까지 염색되어 있는 것을 알 수 있다.

POINT 2

산화형 염모제(알칼리컬러제)가 탈색과 발색을 일으키는 열쇠는 「산소」

전 페이지에서 배운 대로 알칼리컬러제는 멜라닌 색소를 탈색시키고 산화염료를 발색시킨다. 이 탈색과 발색을 할 때 절대적으로 빼놓을 수 없는 것이 「산소」. 이 「산소」는 1제의 알칼리제와 2제의 과산화수소가 대응하면서 생긴다.

<알칼리컬러제의 메커니즘>

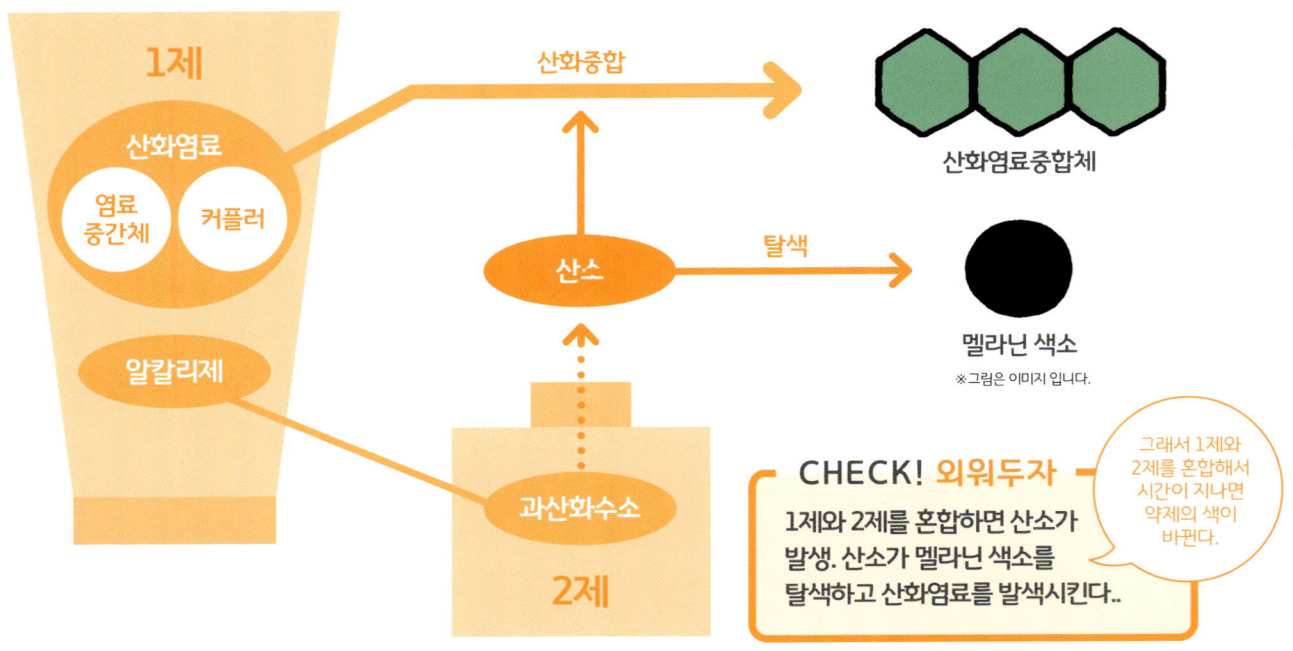

CHECK! 외워두자
1제와 2제를 혼합하면 산소가 발생. 산소가 멜라닌 색소를 탈색하고 산화염료를 발색시킨다..

그래서 1제와 2제를 혼합해서 시간이 지나면 약제의 색이 바뀐다.

POINT 3

알칼리컬러와 저알칼리컬러의 차이

산화형 염모제에도 종류가 있나요? 어떻게 사용하나요?

산화형 염모제에는 많은 종류의 제품이 있다. 그것들은 pH와 알칼리양의 차이에 따라 「알칼리컬러제」「저알칼리컬러제」「산성산화형컬러제」라고 불린다. 기본적으로는 알칼리양이 낮아지면 모발의 손상은 적지만 색조가 제한된다. 또 산성산화형은 검은색 계열의 색조밖에 표현할 수 없기 때문에 흰머리 염색으로 사용이 한정된다.

<알칼리컬러는 밝기를 표현할 수 있고 저알칼리컬러는 손상모에 적합하다>

산성산화형 컬러제	저알칼리컬러제	알칼리컬러제	
6.5 이하	7.5~9.5	9.5~11.0	pH
없음	조금	크다	알칼리 양
거의 없음	약간 있음	있음	리프트 힘
검은색 계열만	대부분의 색조가 가능 pH가 낮으면 색이 선명하지 않는 경향	대부분의 색조가 가능	색조
거의 없음	매우 적다	약간 크다	모발 손상

알칼리컬러제에는 무엇이 들어있는 것일까?

알칼리컬러제에 관해 더욱 깊은 지식을 얻기 위해서 여기에서는 내용 성분과 그 역할에 관해 확인해 보자.

1제

염료 — 헤어컬러의 색소가 된다.
- **염료중간체**: 염료중간체끼리 또는 커플러와 산화중합해서 발색한다. (p-페닐렌디아민 · 황산톨루엔-2, 5-디아민 · p-아미노페놀 등)
- **커플러**: 단품으로는 발색하지 않는다. 염료중간체와 중합해서 발색한다. (레조시놀 · 메타아미노페놀 등)
- **직접염료**: 산화중합하지 않아도 단독으로 발색한다.

알칼리제 — 모발의 팽윤, 멜라닌색소의 분해에 필요하다.
- **암모니아수**: 휘발성으로 모발에 잘 남지 않는다. 독특하고 자극적인 냄새가 난다. 리프트력이 높다.
- **모노에탄올아민**: 자극적인 냄새가 적다. 휘발성이 낮고 모발에 잔류하기 쉽다.
- **AMP**: 자극적인 냄새가 적다. 휘발성이 낮고 모발에 잔류하기 쉽다.
- **탄산수소암모늄**: 자극적인 냄새가 적다. 약제의 pH를 내리는 효과가 있다.

안정제: 산화방지제, 파라벤, 금속이온 봉쇄제 등 제품의 효과를 안정시키기 위해 필요에 따라 배합된다.

모발보호 성분: PPT, 아미노산, 식물추출물 등. 모발 손상을 예방하고 보수한다.

기제:
- 계면활성제 / 크림 형태의 제형을 만든다. 약제 성분의 침투 촉진작용도 있다.
- 유지류 / 크림의 주성분 모발을 보호하는 기능도 있다.

> 1제는 염료와 알칼리제 2제는 산화제가 주성분!

2제

산화제 — 산소근원
- **과산화수소**: 강한 산화력을 가지고, 산화염료의 중합과 멜라닌 색소를 분해한다.

안정제: pH 조정제, 금속 이온 봉쇄 등 제품을 안정시키기 위해 필요에 따라 배합한다.

산: 인산, 구연산 등 과산화수소를 안정시키기 위해 산을 배합해서 약제의 pH를 산성으로 유지한다.

기제:
- 계면활성제 / 크림형태의 제형을 만든다. 약제 성분의 침투 촉진 작용도 있다.
- 유지류 / 크림의 주성분. 모발을 보호하는 기능도 있다.

탈색작용과 발색작용

알칼리컬러제가 명도의 차이를 표현할 수 있는 이유는?

밝은색부터 어두운색까지 알칼리컬러제에 의한 명도 표현은 실제로 폭이 넓습니다.
그럼, 알칼리컬러제에서는 어떤 성분 배합의 방법으로 명도의 차이를 표현할 수 있는 걸까요?

이럴 때 알아 두면 좋은 지식은 이것!

POINT 1 탈색작용과 발색작용의 속도는 같을까?

POINT 2 명도의 차이에 의한 탈색과 발색의 관계

POINT 3 1제를 믹스한 경우의 탈색력과 발색력

POINT 1 · 탈색작용과 발색작용의 속도는 같다?

산화형 염모제의 기능은 탈색작용과 발색작용으로 나뉜다. 이 두 가지의 작용은 다른 메커니즘에 의해 작용을 일으키기 때문에 각각 진행하는 속도도 다르다.
- 탈색작용은 작용의 시작은 빠르지만 시간이 지나면 천천히 진행된다.
- 발색작용은 천천히 움직이기 시작하고 시간이 지나도 계속 천천히 진행된다.

그리고, 각각 작용이 충분하고 적정하게 작용하는 헤어컬러의 방치 시간(완전발색)은 20~40분 정도이다.

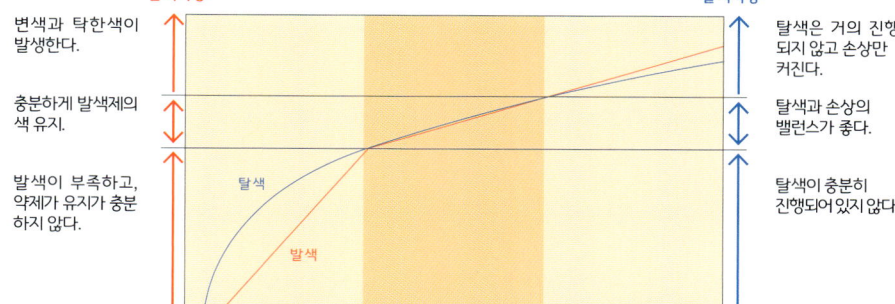

〈탈색 작용과 발색 작용이 진행하는 이미지〉

POINT 2 · 약제의 명도 차이에 의한 탈색과 발색의 관계

약제의 명도는 탈색작용에 의한 리프트 업과 발색작용에 의한 레벨다운의 양쪽 작용의 결과로 결정된다. 저명도의 헤어컬러제는 탈색작용보다도 발색작용이 강해지도록 설계된다(알칼리양=적다, 염료=많다).
고명도의 헤어컬러제는 발색작용보다도 탈색작용이 강해지도록 설계된다(알칼리양=많다, 염료=적다). 알칼리컬러제는 탈색작용과 발색작용을 알칼리양과 염료의 비율을 조정함에 따라 더 넓은 명도의 차이를 표현할 수 있다.

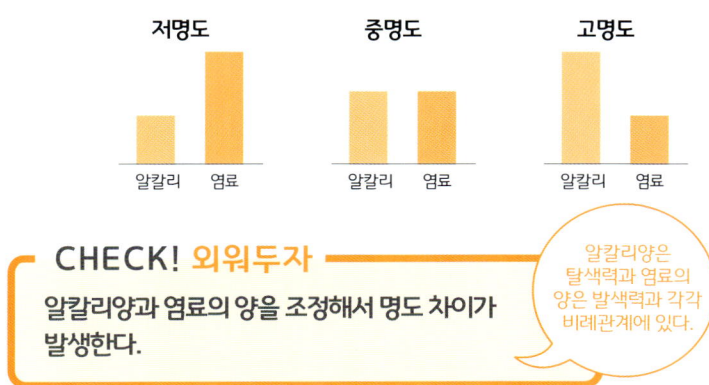

〈약제의 명도와 배합 성분의 관계〉

CHECK! 외워두자
알칼리양과 염료의 양을 조정해서 명도 차이가 발생한다.

> 알칼리양은 탈색력과 염료의 양은 발색력과 각각 비례관계에 있다.

POINT 3 · 1제를 믹스한 경우 탈색력과 발색력

고명도의 1제와 저명도의 1제를 혼합해서 중명도의 약제를 만들 경우 탈색력과 발색력은 양쪽 모두 강해진다. 구체적으로 말하면 처음부터 「알칼리양 6 : 산화염료 6」 배합비율로 설정된 약제보다도 고명도의 약제와 저명도의 약제를 임의로 믹스해서 만든 「알칼리양 6 : 산화염료 6」 약제 쪽이 힘이 강해진다. 고명도의 약제와 저명도의 약제를 혼합한 경우 처음부터 설정된 약제보다도 알칼리양, 산화염료량 모두 많아지기 때문이다.

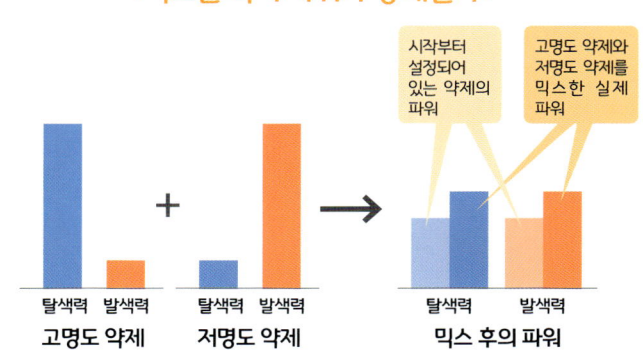

〈믹스한 쪽이 파워가 강해진다〉

블리치의 메커니즘

블리치제 때문에 모발이 왜 밝아지는 것일까?

하이톤컬러 표현에 필수적인 블리치제.
블리치제로 모발이 밝아지는 구조를 배워 봅시다.

이럴 때 알아 두면 좋은 지식은 이것!

POINT 1 블리치제로 모발이 밝아지는 열쇠는 「과황산염」

POINT 2 알칼리컬러제와 블리치제, 탈염제의 차이

POINT 3 블리치제의 파워는 과산화수소 2제의 농도와 혼합 비율로 조절하자

POINT 4 블리치제의 시술 기술은 「반응시간·온도·모발량 대비 사용량」

블리치제에는 무엇이 들어있는 것일까?

우선은 블리치제에 포함된 성분과 그 역할을 알아보자.

1제

산화제
- 과산화황산염 — 과황산나트륨, 과황산암모늄 등 매우 강한 멜라닌 표백력을 가진 성분.
- 과탄산염 — 과탄산나트륨 등. 과황산염보다 부드럽지만 강한 멜라닌 표백력을 가진 성분.

멜라닌 탈색을 위한 산소의 원천이 된다.

알칼리제
- 규산염 — 무수규산나트륨, 규산나트륨 등 강한 알칼리의 힘을 가진 성분. 모발을 팽윤시키고 침투력을 향상시킨다.
- 탄산염 — 탄산수소나트륨 등 불쾌한 냄새가 적은 성분. 반응 중 약제의 pH를 높게 유지한다.

모발의 팽윤, 멜라닌 색소의 분해에 필요하다.

그 외
파우더에 색을 입히기 위해 군청색 등의 착색제가 배합 된다.

안정제
금속이온 봉쇄제 등 제품의 효과를 안정시키기 위해서 필요에 따라 배합한다.

기제
점성제 / 과산화수소와 혼합한 후에 크림 같은 점도를 유지하는 작용이 있다.
부형제·유지류 / 파우더를 형성하는 성분. 입자의 크기에 따라 섞기 쉽고 흩날림이 적어진다.

1제는 염료와 알칼리 2제는 산화제가 주성분!

2제

산화제
- 과산화수소

강한 산화력을 가지고, 산화염료의 중합과 멜라닌 색소를 분해한다.

※2제는 알칼리컬러제와 공통적으로 사용하는 경우가 많다.

안정제
pH 조정제·금속이온 봉쇄제 등 제품을 안정 시키기 위해서 필요에 따라 배합한다.

산
인산, 구연산 등 과산화수소를 안정시키기 위해서 산을 배합해 약제의 pH를 산성으로 만든다.

기제
계면활성제 / 크림형태의 제형을 만든다. 성분의 침투 촉진작용도 있다.
유지류 / 크림의 주성분. 모발을 보호하는 기능도 있다.

POINT 1 블리치제로 모발이 밝아지는 열쇠는 산화제·「과황산염」

이전 페이지에서 배운대로 탈색에는 「산소」가 필요하다 블리치제에는 이 「산소」를 발생시키기 위해서 산화제가 1제에도 2제에도 포함되어 있기 때문에 알칼리컬러제보다 모발을 더 탈색시킬 수 있다.

- 1제에 알칼리제와 산화제(과황산염) 양쪽의 요소가 있고 표백 효과가 뛰어나다.
- 과황산염은 염료 배합체를 파괴하는힘(탈염효과)도 동반하고 있다.

POINT 2 알칼리컬러제와 블리치제, 탈염제의 차이

블리치제에도 다양한 종류가 있어요.

과황산염의 탈염 효과에 특화된 제품으로 「탈염제」가 있다. 이 블리치제는 pH와 알칼리가 달라 원하는 밝기에 따라 구분하여 사용할 수 있다.

＜모발에 대한 영향과 밝기의 차이＞

특징 \ 제품종류	탈염제	블리치제	저알칼리컬러제	중명도 알칼리컬러제	강한 알칼리컬러제
pH	8.0~9.5	10.0~12.0	7.5~9.0	8.5~10.0	10.0~12.0
알칼리	낮다~중간	높다	낮다	중간	높다
광황산염 유무	있음	있음	없음	없음	없음
리프트 힘	약간 있음	가장 강함	약간 있음	있음 (보통)	강하다
모발 손상	중간 정도	아주 크다	매우 적다	약간 있음	크다

POINT 3 블리치제의 파워는 과산화수소 2제의 농도와 혼합비율로 조절하자

블리치제에는 1제(블리치와) 2제(과산화수소) 양쪽에 산화제가 포함되어 있지만 1제 대비 2제의 비율이 너무 높으면 리프트의 힘이 떨어진다. 또, 과산화수소의 혼합 비율이 높아지면 명도의 오름세가 완만해져 컨트롤이 쉬워지지만 점성이 느슨해지고, 도포할 때의 조작성은 떨어진다. 일반적으로 사용하는 과산화수소의 농도가 높을수록 리프트의 힘은 높다.

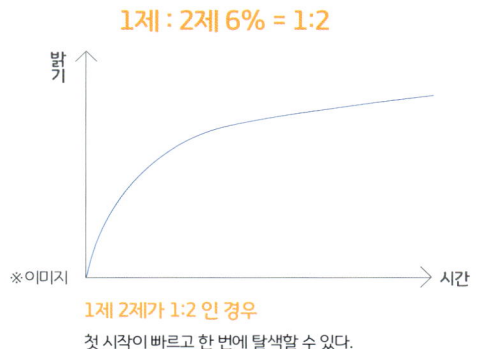

1제 2제가 1:2 인 경우
첫 시작이 빠르고 한 번에 탈색할 수 있다.
단, 그만큼 손상도 진행되기 쉬운 경향이 있다.

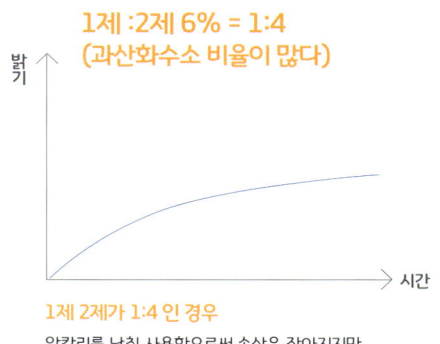

1제 2제가 1:4 인 경우
알칼리를 낮춰 사용함으로써 손상은 작아지지만 탈색력도 약해진다.

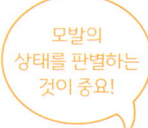

모발의 상태를 판별하는 것이 중요!

CHECK! 외워두자
블리치의 탈색력은 블리치와 2제(과산화수소)의 혼합비율·농도로 변화한다. 비율에 따른 점성의 변화에도 주의하자.

POINT 4 블리치제의 시술 기술은 「반응시간·온도·모발량 대비 사용량」

블리치는 반응시간과 온도, 모발량 대비 사용량에 따라 탈색력이 달라진다. 잘 조절하여 원하는 밝기로 하자.

블리치와 시간의 관계
블리치제는 알칼리컬러제와 비교해서 **반응속도가 빠르다**. **도포의 시작과 끝의 시간 차이**가 생길수록 마무리를 균일하게 할 수 없기 때문에 도포 속도가 매우 중요하다.

블리치와 온도의 관계
블리치는 **열에 의해 밝아지기 쉽다**. 특히 뿌리는 **체온의 영향이 매우 높고**, 뿌리 5mm~1cm를 제외하고 시간 차이를 두고 도포하는 등의 조정이 필요한 경우도 있다. 또, **호일워크로 열이 오르거나 에어컨 바람을 쐬어** 예상했던 명도와 차이가 생길 수 있으니 주의하자.

블리치와 모발량 대비 사용량의 관계
블리치는 약제의 **사용량과 도포시의 힘에 쉽게** 좌우된다. 패널의 폭과 도포량, 균일한 힘 조절을 하자.

10분의 도포의 시간 차이를 두면 명도의 차이가 생겨요.

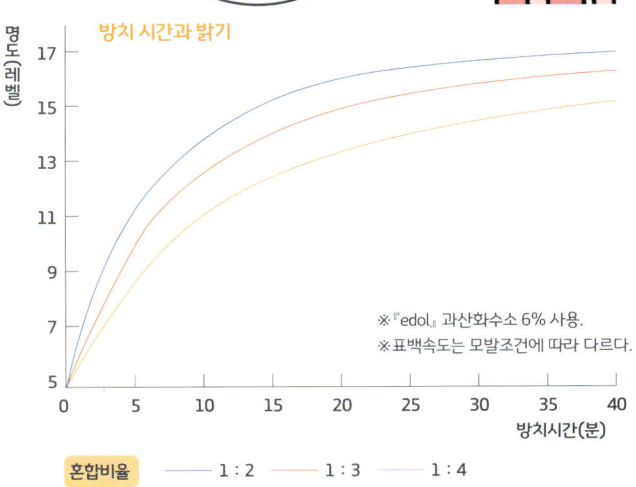

산성염모료 메커니즘

헤어매니큐어는 왜 손상이 적을까?

알칼리컬러보다도 헤어매니큐어 쪽이 모발에 더 좋다고 합니다.
왜 그럴까? 모발과학의 관점에서 풀어내보겠습니다.

1 고객의 갑작스러운 질문에 적극적으로 대답하는 메리. 
"있어요! 모발 손빗질도 좋아지고, 윤기도 생겨요."
"혹시, 미용실에서 헤어 메니큐어를 하는 사람 있어요?"

2 메리는 헤어 매니큐어의 컬러 차트를 고객에게 보여주면서 이야기. 
"모발 손상이 적어서 추천해요."

3 고객으로부터 작은 의문이 제기된다. 
POINT 1
"보통의 다른 헤어컬러 와는 다르게 물들이는 방법인가요?"

4 헤어매니큐어의 구조도 확실하게 공부해 둘걸 하고 후회하는 메리.
"헤어 매니큐어는 모발을 어떤 식으로 물들이는 걸까?"

이럴 때 알아 두면 좋은 지식은 이것!

산성염모료(헤어매니큐어)로 모발이 염색되는 구조

POINT 1 산성염모료(헤어매니큐어)로 모발이 염색되는 구조

헤어매니큐어에 배합되어 있는 산성염료는 마이너스 전하를 갖고 있기 때문에, 모발을 구성하고 있는 케라틴 단백질의 플러스 부분과 이온결합에 의해 모발을 착색한다. 알칼리제와 과산화수소를 사용하지 않기 때문에 모발에 대한 손상이 없는 경우가 많다. 그러나, 염료를 더욱 내부까지 침투시키기 위해서 벤질알코올과 에탄올 등의 침투제가 배합되어 있는 케이스가 많아서 모발에 대한 부담이 제로라고는 단정 지을 수 없다.

<헤어 매니큐어가 모발을 염색하는 프로세스>

CHECK! 외워두자

헤어매니큐어는 알칼리제와 과산화수소를 사용하지 않고 물들이기 때문에 잘 손상되지 않는다.

하지만 역시 손상이 제로는 아니다!

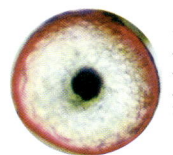
산성염모료로 염색 후의 모발단면. 큐티클과 콜텍스 얇은 부분만 물들어 있는 것을 알 수 있다.

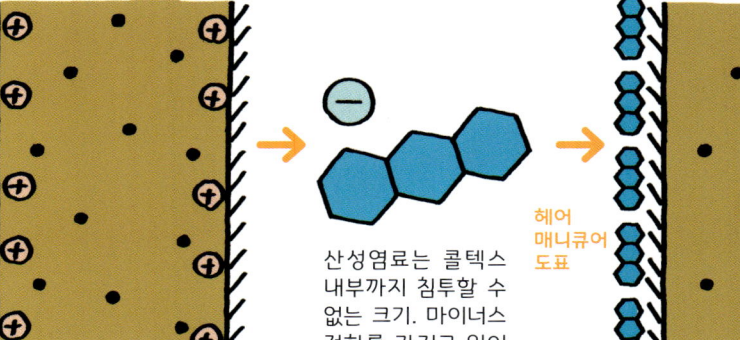

모발의 표면은 보통 드라이 상태에서 플러스로 대전하고 있다.

산성염료는 콜텍스 내부까지 침투할 수 없는 크기. 마이너스 전하를 가지고 있어 모발의 플러스 전하와 이온 결합한다.

헤어 매니큐어 도표

산성염료는 분자 지름이 크기 때문에 모발 내부까지 침투되지 않고, 큐티클과 콜텍스의 얇은 부분에 이온결합으로 정착한다. 색 유지는 3~4 주간 정도.

헤어매니큐어는 무엇으로 되어 있나요?

헤어매니큐어에 관해서 깊이 알아보기 위해 여기에 서는 내용성분과 그 역할에 관해서 확인해 보겠습니다.

점증제
점성과 도포시 조작성을 높인다.

산
pH를 산성으로 만들기 위해 배합된다.(구연산, 젖산 등)

침투제
염료를 모발 내부까지 더 침투시키기 위해 배합된다. (벤질알코올, 에탄올 등)

산성염료
분자 지름이 크고 모발 내부까지 침투하지 않는다. 마이너스 전하를 가지고 모발의 플러스 부분과 이온결합(보라401, 흑401, 노랑4, 청205 등) 한다.

안정제
산화방지제, 파라벤, 금속이온 봉쇄제 등 제품을 안정시키기 위해 필요에 따라 배합된다.

모발보호성분
PPT, 아미노산, 식물 추출물 등 모발 손상을 방지하고 보수한다.

기제
계면활성제 / 크림 형태의 제형을 만든다. 약제 성분의 침투촉진작용도 있다.
유지류 / 크림의 주성분. 모발을 보호하는 기능도 있다.

헤어매니큐어의 염료는 많군요!

제5장은 산화형염모제와 산성염모료를 중심으로 모발이 염색되는 메커니즘에 관해서 공부했습니다. 모발을 다루는 프로로서 헤어컬러제가 모발을 어떻게 물들이는지는 필수 지식입니다. 또, 아름다운 헤어컬러를 만들기 위해서 꼭 헤어컬러의 원리를 알아 둡시다.

제5장 모발과학 마스터로의 길
복습 테스트

아래의 질문에 관해서 각각 답해주세요.

● 멜라닌 색소를 분해·탈색하거나 산화 중합하거나 했을 때 필요한 물질은?

고객이 물으면 이렇게 대답하자!
【제5장 살롱워크에서 사용할 수 있는 스탠바이 코멘트집】

Q. 원래 모발이 검은색인 것은 왜?

모발에는 멜라닌 색소라고 불리는 모발색을 결정짓는 색소가 있습니다. 멜라닌 색소에는 검은색~갈색을 띠고 있는 것과 붉은 갈색~노란색을 띠고 있는 2종류가 있고, 동양인의 대부분은 검은색~갈색을 띠는 멜라닌 색소가 많고 원래 모발이 블론드 헤어의 경우에는 그것이 적습니다.

Q. 미용실에서 헤어매니큐어를 하는 사람이 있나요?

헤어매니큐어는 색상 유지가 일반적인 알칼리컬러보다도 짧지만, 모발에 부담을 줄일 수 있습니다. 또 손빗질과 윤기가 좋아지기 때문에 성인 고객을 중심으로 인기가 많습니다.

Q. 헤어 컬러가 외국에서 성행하는 이유는?

동양인의 모발은 검은색으로 얼룩이 적지만 외국인의 경우 짙은 블론드와 옅은 블론드 등이 섞여 있어 색이 얼룩진 경우가 많은데 이 모발을 균일한 색으로 만들기 위해서 헤어컬러가 성행하고 있습니다.

Q. 블리치제는 왜 밝아지지?

블리치제는 알칼리컬러제에는 포함되어 있지 않은 「과산화염(과황산염)」을 배합하고 있습니다. 따라서 알칼리컬러제보다 멜라닌을 분해하기 쉽고 투명하게 마무리할 수 있습니다.

제6장

머리를 예쁘게 염색하기 위한
헤어컬러의 구조 파악 ②

컬러링이 일반적인 요즘 살롱 워크에서는 기존 염색모에 대해 더욱 질 높은 시술이 요구되고 있습니다. 「모발손상」을 고려한 컬러링이 필수입니다. 그래서 제6장에서는 기존 염색모를 컬러링 할 때 필요한 모발과학의 지식을 중심으로 배워보겠습니다.

헤어컬러의 모발과학

살롱워크 측면에서 배우는 제6장의 주제들

고객과의 대화를 계기로 자주듣는 질문을 모발 과학의 관점에서 해결.
제5장에 이어, 헤어컬러의 모발과학에 관해서 배워보겠습니다.

STEP.1 ⇩ p.96으로 — 손상된 모발을 염색할 때 주의할 점은?

손상이 축적된 모발에 컬러링을 하는 경우의 주의점을 알아보자.

STEP.2 ⇩ p.98로 — 전처리제와 컬러링의 관계는?

전처리제를 사용하면 어떤 효과가 생기는지 알아보자.

STEP.3 ⇩ p.102로 — 헤어컬러를 하면 윤기가 생기는 것은 왜일까?

헤어컬러와 모발 윤기와의 관계를 알아보자.

STEP.4 ⇩ p.104로 — 퇴색·변색을 일으키는 원인은?

헤어컬러를 한 모발의 색을 지속할 수 없는 이유를 알아보자.

STEP.5 ⇩ p.106으로 — 홈컬러와 살롱컬러의 차이는?

홈컬러제와 살롱에서 사용하는 헤어컬러제에 관해서 각각의 장점과 단점을 알아보자.

[준비체조] 제6장 스트레칭

컬러링에 필요한 색채 지식

원하는 대로 색을 만들기 위해서, 색채의 메커니즘을 알아보자!

헤어컬러에 유용한 모발과학을 배우기 전에, 우선은 준비체조!
여기에서는 색채의 메커니즘을 알아보는 것부터 모발과학의 문을 열어 봅시다.

필수 지식! 색 3속성

우리들 주위에는 무수한 색이 존재한다. 그 다양한 색은, 3가지 속성(성질과 특징)으로 나눌 수 있다. 우선 빨강과 노랑, 파랑 등의 "색상"차이. 다음으로 밝고 어두움을 나타내는 "명도"차이. 마지막으로 색의 선명한 정도를 나타내는 "채도"차이가 있다.

같은 색상에서도 톤으로 다른 색을!

톤이란 명도와 채도를 하나로 정리한 속성으로 "색조"라고 부른다. 모발의 명도를 톤이라고 부르는 케이스도 있지만, 여기에서는 색채학적인 톤에 관해서 설명한다. 아래의 그림은 명도와 채도의 관계에 의해 색의 변화를 표시한 것. 명도가 높고 채도가 낮으면 「옅은 색」이 되고 명도가 낮고 채도가 높으면 「진한 색」, 명도가 중간으로 채도가 높으면 선명하게 된다. 예를 들면 같은 「빨강」 색상도 고객이 이미지하고 있는 「빨강」과 미용사가 생각하는 「빨강」에서 톤이 다른 경우가 있기 때문에 그 빨강의 색조, 즉 톤을 의식하면서 카운셀링하는 것이 중요하다. 현재 살롱에서 생각되는 알칼리컬러제는 여러 가지 톤을 표현할 수 있도록 색의 수가 풍부하다.

색상환으로 일목요연 보색 관계

사람의 눈으로 확인할 수 있는 색을 원형으로 나열한 것을 색상환이라고 부른다. 이 색상환을 알고 있으면 「보색」의 관계가 일목요연해진다. 보색이란 색상환 상에서 정반대에 위치하는 색을 말한다. 보색 관계에 있는 색은 콘트라스트가 가장 강하고 서로의 색을 강하게 끌어당기는 성질을 가지고 있다. 그리고 그런 보색끼리 서로 섞으면 회색 등의 무채색을 만들 수 있다.
헤어컬러에서는 색상환과 보색의 관계를 알아둠으로써 모발의 언더 톤과 잔류 틴트를 파악한 컬러체인지를 진행할 수 있다.

<톤 분류>

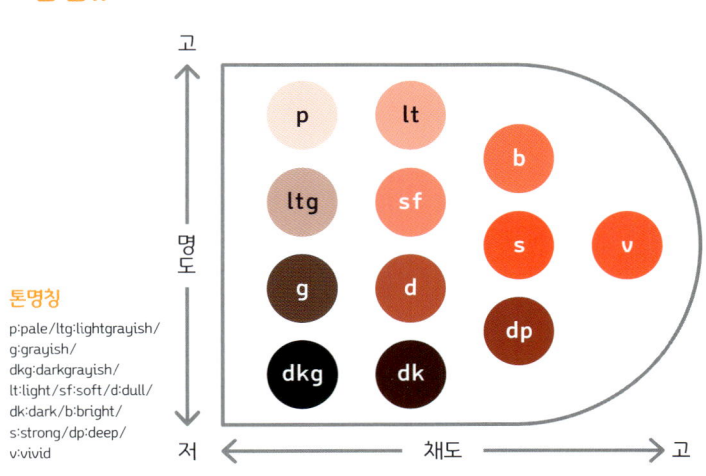

톤명칭
p:pale/ltg:lightgrayish/
g:grayish/
dkg:darkgrayish/
lt:light/sf:soft/d:dull/
dk:dark/b:bright/
s:strong/dp:deep/
v:vivid

<색상환>

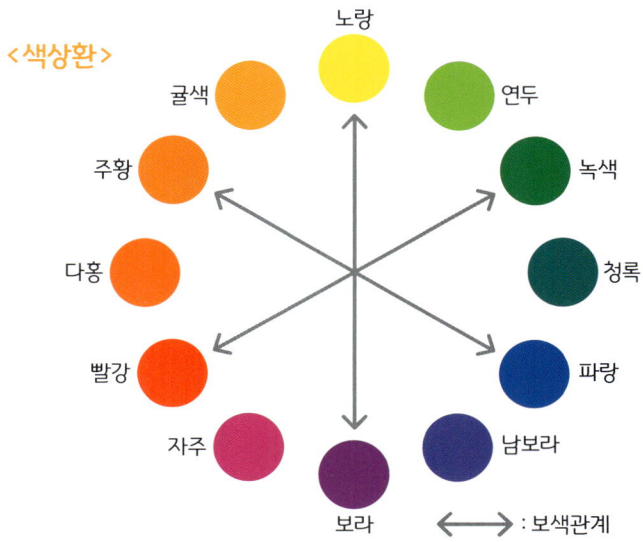

손상모에 컬러링

손상모에 컬러링을 하면 어떤 현상이 일어날까?

남녀노소 불문하고 모발을 반복해서 염색하는 것이 일반적인 요즘, 살롱에서는 기존 염색모에 컬러링을 하는 기회가 늘어났습니다. 기존 염색모에는 손상이 축적되어 있기 때문에 건강모에 시술하는 경우와 다른 현상이 일어나는데 이 부분을 확인해 봅시다.

이럴 때 알아 두면 좋은 지식은 이것!

POINT 1 손상 레벨에 따른 발색의 차이

POINT 2 「흡수」와 「염착 불량」 메커니즘

POINT 3 손상되어 있으면 퇴색이 쉬운 이유

POINT 1 손상 레벨에 따른 발색의 차이

손상 정도에 따라 모발에 염료가 많이 들어가서 마무리 명도가 낮아지는 케이스와 반대로 염료가 모발 내에 머무르지 않아 잘 물들지 않는 케이스가 있다. 오른쪽의 사진은 같은 조건으로 손상 레벨이 다른 모발을 브라운 계열, 애쉬 계열, 레드계열 약제로 염모한 모발 사진 손상 레벨과 1과 2에서는 양호하게 발색되는데에 반해, 손상 레벨 4에 서는 색이 많이 들어가서 명도가 내려가는 「흡수」가, 손상 레벨 5에서는 「염착불량」이 일어나는 것을 알 수 있다.

<손상 레벨별 염모 실험>

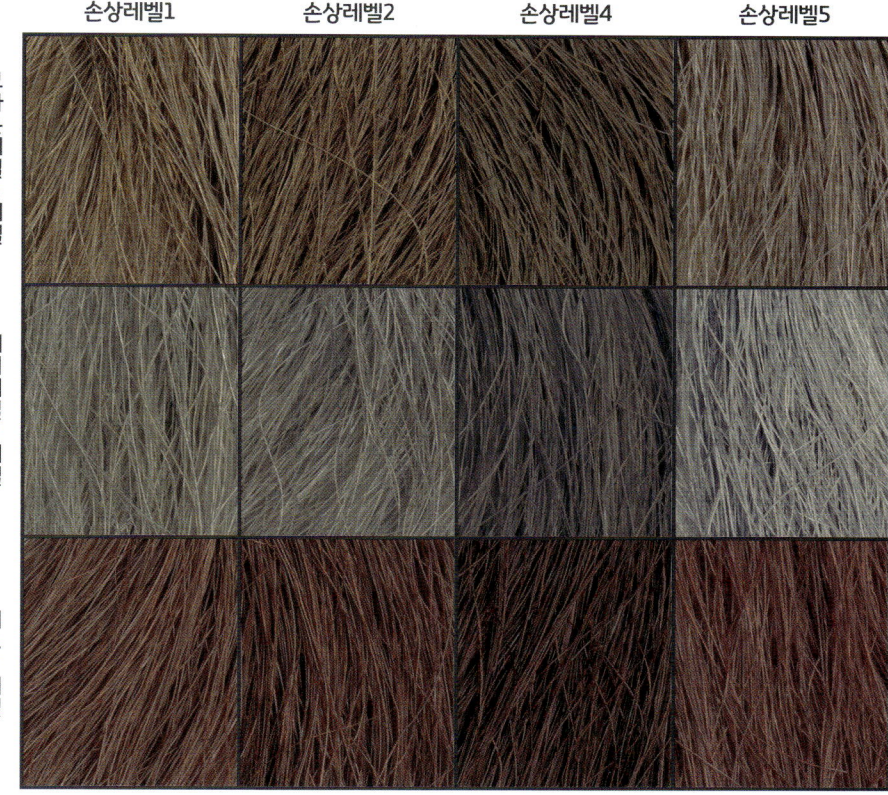

손상레벨 4에서 흡수가, 5에서 염착불량이 일어난다.

염료가 많이 들어가도 많이 들어가지 않아도 안돼. 기술자의 기술을 보여줄 부분입니다.

POINT 2 「흡수」와 「염착불량」 메커니즘

색이 아주 짙고 명도가 내려가는 [흡수]는 원래는 소수성인 모발이 친수성(수분과 잘 섞이는 성질)으로 치우치고, 큐티클의 결손, 콜텍스 부위의 유실 등에 의해 수용성인 염료가 모발 내부에 쉽게 침투하기 때문에 발생한다. 염료가 모발에 들어가지 않는 [염착불량]은 모발 내부의 성분이 거의 유출되고 염료가 머무르는 부분이 없어지기 때문에 발생.

POINT 3 손상되어 있으면 퇴색이 쉬운 이유

손상레벨 4와 5의 모발은 큐티클은 벗겨지고 콜텍스의 공동화도 진행되었기 때문에 염료가 모발 내부에 잘 머물지 않아서 결과적으로 퇴색되기 쉬워진다. 퇴색을 방지하기 위해서는 PPT와 세라마이드 등으로 시술 전에 모발을 전처리 해두는 것이 중요.

CHECK! 외워두자

손상레벨 4에서는 [흡수]가, 손상레벨 5에서 [염착불량]이 쉽게 일어난다. 또, 손상 레벨이 높아질수록 퇴색이 잘 된다. 라고 외워두자.

모발 진단과 전처리를 확실하게 진행하자!

전처리제의 활용

손상이 진행된 모발을 예쁘게 염색하기 위해서는?

다음으로 「흡수」와 「염착불량」을 일으켜 손상이 축적된 모발을
예쁘게 물들이기 위해 필요한 전처리제의 효과에 관해 배워봅시다.

이럴 때 알아 두면 좋은 지식은 이것!

POINT 1 손상 레벨에 따른 헤어컬러제 사용 방법

POINT 2 전처리제의 종류

POINT 3 블리치의 처리제는?

POINT 4 플렉스제란?

POINT 5 블리치 후 처리는?

POINT 1 손상 레벨에 따른 헤어컬러제 사용 방법

약제에 함유된 알칼리는 모발을 손상시키는 큰 요인. 기존 염색모의 손상을 진행시키고 싶지 않다면 알칼리 함유량이 적은 저알칼리 컬러제의 사용이 좋다.
손상레벨 3이상이면 저알칼리 컬러제의 사용을 검토하자.

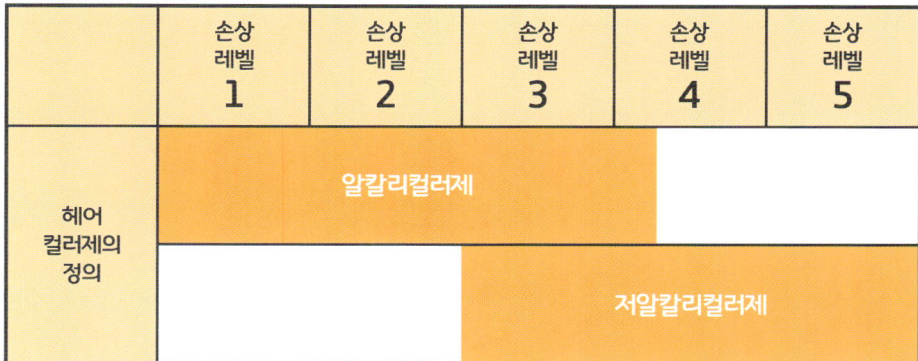

<손상과 헤어컬러제>

POINT 2 전처리제의 종류

전처리제의 타입과 각각의 효과를 파악하기 위해서 여기에서는 손상 레벨이 다른 모발에 다양한 전처리제를 사용했을 때의 발색 정도를 비교 실험한 결과를 소개한다. 아래 그림이 실험 결과를 그래프화 한 것이다. 전처리가 없는 경우, 손상 레벨 3~4 가 되면 [흡수]가 발생해서 명도가 내려가는 것을 알 수 있다. 그리고 5까지 진행되면 거의 염착되지 않는다.
그런 현상을 방지하기 위해서는 적절한 전처리를 시술하는 것이 중요하다. 그래프에서 알 수 있듯이 전처리를 함으로써 [흡수]와 [염착불량]을 방지할 수 있다. 손상된 모발을 안쪽부터 보수하는 PPT계열(PPT란 단백질을 작게 한 성분)과 모발에 유분을 주어 윤기를 만드는 CMC 계열, 모발에 촉촉함을 부여하는 NMF 계열을 모발 상태에 맞춰 구분해서 사용하자.

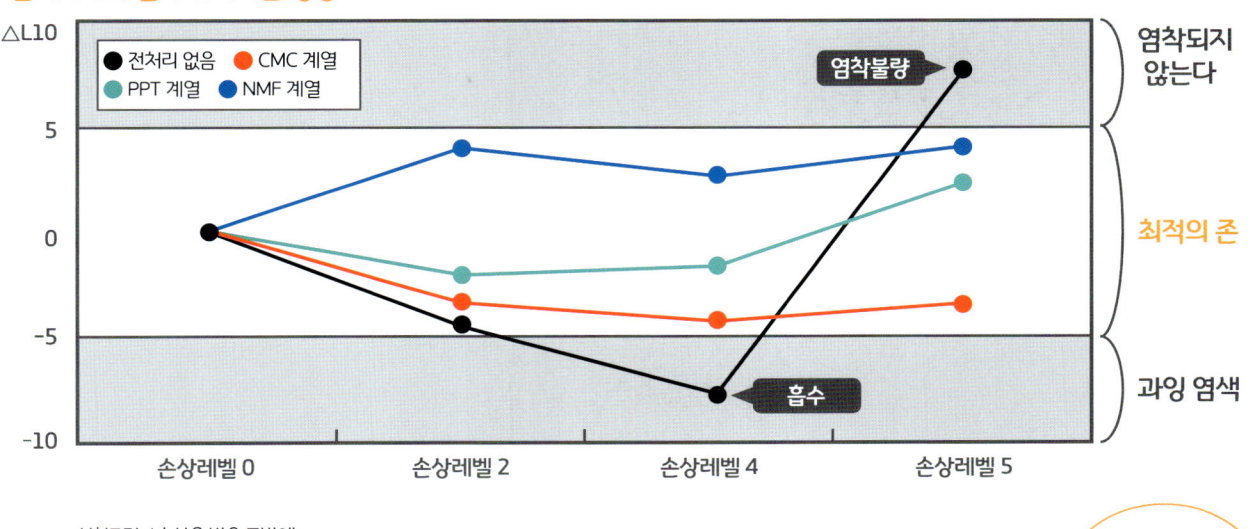

<전처리제가 컬러에 미치는 영향>

실험조건 / 손상을 받은 모발에 여러 처리제로 전처리를 한 후 브라운 계열의 헤어컬러를 시술. 손상레벨의 0모발에 시술한 색을 기준으로 각 모발의 염착 정도를 비교한다.

CHECK! 외워두자
PPT계열을 축으로 CMC계열과 NMF 계열을 필요에 따라 병용하자.

손상 레벨이 높은 모발에는 전처리제가 필수! 특히 PPT는 효과적!

POINT 3 블리치의 처리제는?

제5장에서 배운대로, 블리치는 알칼리컬러제보다도 산화제의 배합 종류가 많아 모발 강도를 크게 해친다. 또한 산화제 등이 모발에 잔류함으로써 시술 직후 헤어컬러 발색에도 나쁜 영향을 끼치게 된다. 따라서 탈색 손상에 맞춰 모발강도를 유지해 주는 전처리제 「플렉스제」와 블리치 후의 잔류 성분을 제거하는 애프터 처리제를 활용하는 것이 중요하다. 헤어컬러 마무리의 질보다 높일 수 있다.

블리치 시술시에는……
- 전처리제(플렉스제)로 모발강도를 유지한다.
- 애프터 처리제로 잔류 성분을 제거한다.

위 두 가지가 중요!

POINT 4 플렉스제란? 블리치의 과잉 산화로 인한 손상이 발생하면……

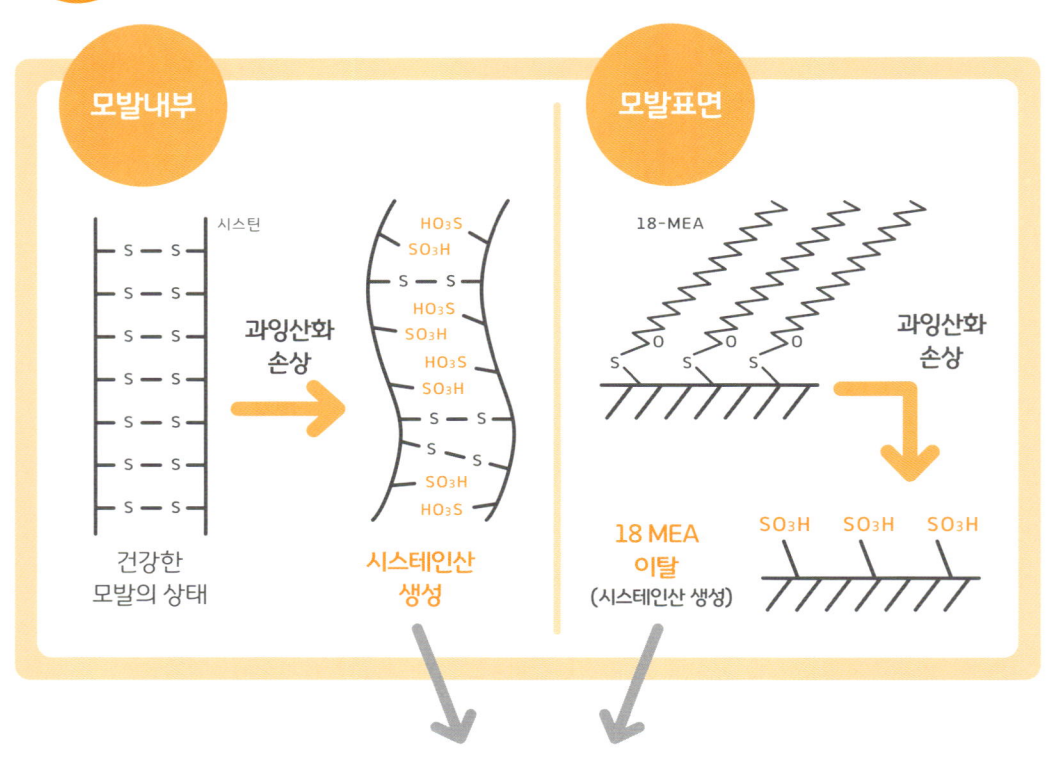

플렉스제란 주석산·말레산 등의 「카르복실산」을 포함하는 처리제. 탈색과잉산화로 인한 손상이 발생하면 모발의 내부와 표면에는 시스테인산이 생성된다. 플렉스 처리제는 블리치제의 반응중 동시에 사용함으로써 과잉산화를 억제하여 모발이 손상되거나 강도가 저하되는 것을 완화하는 역할을 한다.

따라서 최근에는 블리치 시술시에 플렉스 처리제를 세트로 사용하는 경우가 많다.

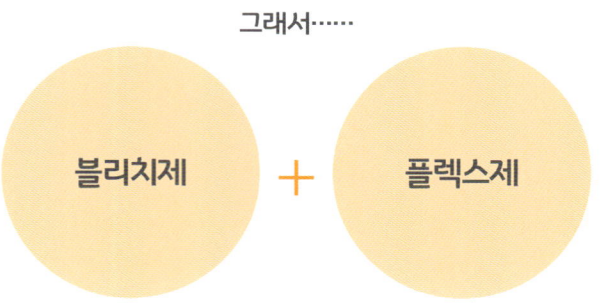

블리치제와 플렉스제를 세트로 사용해서 과잉산화의 손상을 방지한다.

플렉스제가 손상 원인의 발생을 억제해 준다!

CHECK! 외워두자

블리치로 인한 모발 강도 저하의 원인을 확인하고 플렉스제를 사용해 보자.

POINT 5 블리치 후 처리는?

블리치 후의 모발에는 블리치에 함유된 산화물의 잔류와 알칼리 성분에 의한 pH 상승이 일어나고 있어 일시적으로 헤어 컬러의 발색에 악조건이 되고 있다. 따라서, CMC·PPT·NMF 등 유출된 성분을 보급하는 것과는 별도로 구연산과 레불린산 등 알칼리 제거 능력을 가진 산(플렉스 성분을 포함)과 산화물을 제거하는 항산화 성분을 이용하여 헤어컬러의 화학적인 악조건을 제거하는 것이 중요하다. 최적의 애프터 처리로 보다 아름다운 발색을 기대할 수 있다.

블리치 처리 후의 모발 잔류 성분

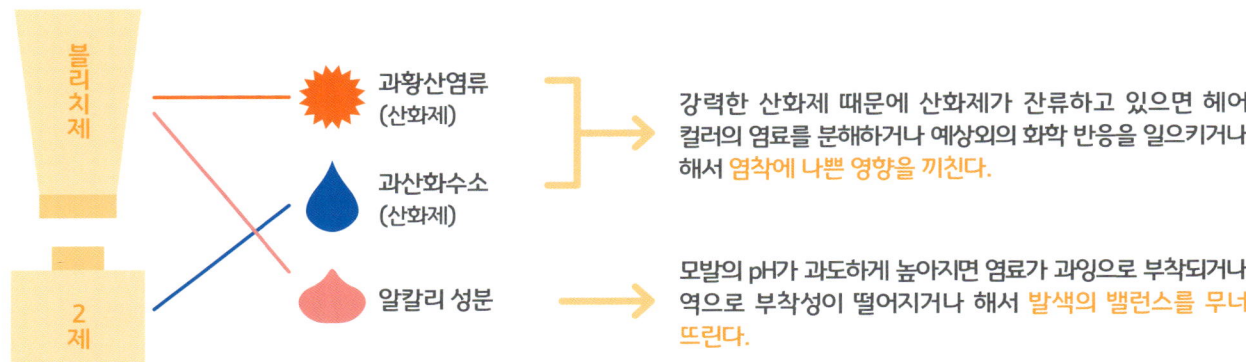

블리치 처리 후의 모발 상태

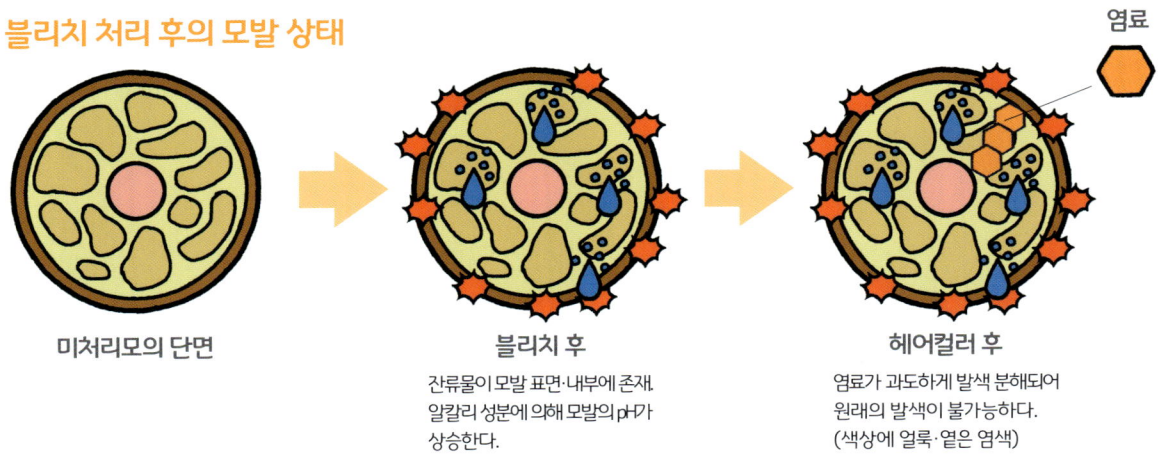

에프터 처리제에 포함된 성분의 예

- 항산화 성분…아스코르브산, 아황산 등 잔류 산화물을 제거한다.
- pH조정제…구연산, 레불린산 등 잔류 알칼리 성분을 제거한다.
- 계면활성제…모발 내부의 잔류 물질을 물리적으로 배출한다.

CHECK! 외워두자

약제에 영향을 고려한 처리제(플렉스)와 모발 상태에 맞는 처리제(PPT, CMC, NMF)를 구분하여 사용하거나 병용하자.

처리제에는 각각 다른 역할이 있다!

모발의 상태와 약제의 성분에 맞춰 처리를 하면 예쁜 헤어컬러를 만들 수 있어요.

헤어컬러에서 윤기가 생기는 메커니즘

컬러링을 하면 어떻게 윤기가 날까?

컬러링을 하면 시술 전과 비교해서 윤기가 생기거나 촉감이 좋아지거나 하는 경우가 있습니다.
모발에 부담을 줄 텐데 왜 그럴까요? 그 메커니즘을 해설해 보겠습니다.

이럴 때 알아 두면 좋은 지식은 이것!

POINT 1 왜 컬러링으로 윤기가 생길까?

POINT 2 왜 컬러링으로 촉감이 좋아질까?

POINT 1 왜 컬러링으로 윤기가 생길까

모발의 윤기는 모발에 빛이 반사되어 생긴다. 그리고, 모발의 상태에 따라 보이는 반사 빛이 바뀐다. 모발에 닿는 빛에는 모발 표면에 반사되는 것과 모발내부를 투과해서 반사하는 것 두 가지로, 이 두 종류의 빛이 합쳐진 것이 윤기로 인식되고 있는 것이다. 기존 염색모는 모발 표면의 큐티클뿐 아니라 모발 내부의 콜텍스도 염색에 의해 손상을 받는다. 따라서, 모발 표면에 빛이 난반사하면 동시에 모발 내부에도 빛이 난반사되기 때문에 윤기가 나빠진다(그림1).

단, 헤어컬러제에는 모발 보수 성분으로서 큐티클과 콜텍스의 손상을 보수하는 성분이 배합되어 있기 때문에 모발 표면과 내부가 정돈되어 난반사가 정반사로 바뀌고 윤기가 좋아진다(그림 2).

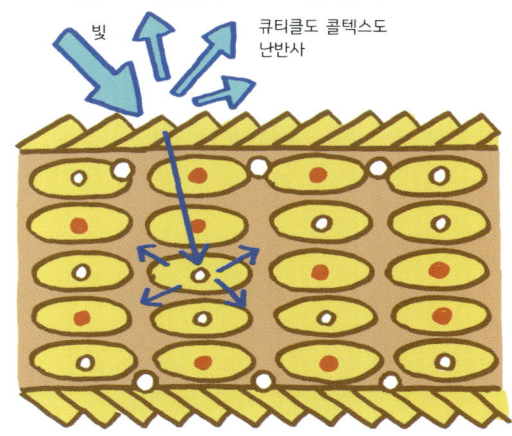

<그림 1 기존 염색모에서 빛 반사>

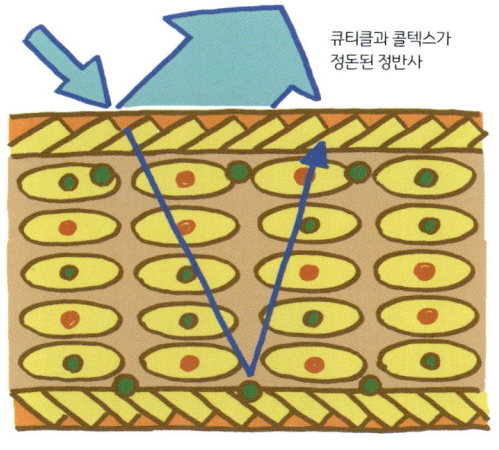

<그림 2 헤어컬러 시술 후의 빛 반사>

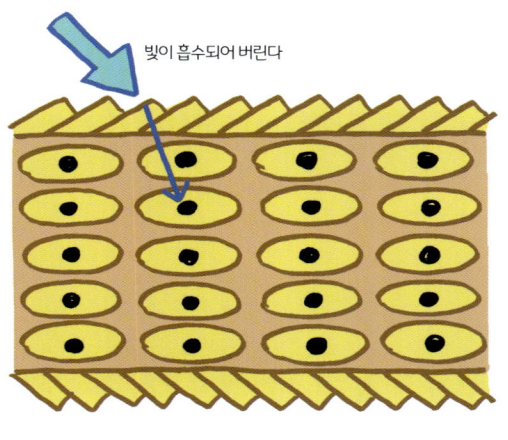

<그림 3 신생모의 빛 반사>

신생모의 경우는 모발에 손상이 없거나 있어도 적기 때문에 정반사를 일으킨다.
그러나 모발이 어둡기 때문에 빛이 흡수되어 버리고 윤기를 느낄 수 없게 된다.

POINT 2 왜 컬러링으로 촉감이 좋아질까

헤어컬러제에 함유된 모발 보수성분이 큐티클과 콜텍스의 손상을 보수하기 때문에 헤어컬러 시술에 따라 촉감도 좋아진다.

큐티클의 보수 성분
▼
「분기지방산」

큐티클의 틈에 들어가고 모발을 소수성으로 만들어 손상을 보수한다.

콜텍스의 보수 성분
▼
「콜레스테롤 유도체」 & 「세라마이드」

콜텍스의 공간을 채우고 보호 기능과 수분 유지 기능을 높여 손상을 보수한다.

CHECK! 외워두자

헤어컬러제에 함유된 보수 성분이 모발 표면과 모발 내부의 손상을 동시에 보수함으로써 빛이 반사되도록 모발의 상태를 정리하기 때문에 윤기와 촉감이 좋아진다.

진화된 헤어컬러제는 트리트먼트 효과도 기대할 수 있다.

퇴색과 변색

컬러링을 했는데 색이 바뀌는 것은 왜?

컬러링을 하고 며칠이 지나면 원래의 색이 옅어집니다. 이는 퇴색이라고 불리는 현상입니다.
여기에서는 컬러링을 했는데 색이 빠지거나 변색되는 여러 가지 원인에 관해 해설하겠습니다.

이럴 때 알아 두면 좋은 지식은 이것!

POINT 1 모발색의 퇴색과 사용하는 물의 pH와의 관계

POINT 2 색조에 따라 다른 퇴색의 경향

POINT 3 열 때문에 색이 바뀐다

POINT 1 모발의 퇴색과 사용하는 물의 pH와의 관계

컬러링 후 모발 내부에 머물렀던 염료가 큐티클의 틈으로 유출되는 것을 [퇴색] 이라고 한다. 보통은 닫혀있으나 모발 내부의 염료 유출을 방지하는 큐티클이 팽윤해서 열리면 염료가 모발 바깥쪽으로 나오기 쉬운 상황이 된다. 모발을 팽윤시키는 것은 알칼리. 즉, 알칼리성 물을 헤어컬러모에 사용하면 퇴색하기 쉽게 되는 것이다. 반대로, 산성의 물을 사용하면 큐티클이 수축되어 닫히기 때문에 염료가 바깥쪽으로 잘 나오지 않는 상황이 된다.

그런데 오른쪽의 모발 실험의 결과에서는 퇴색이 어려운 산성의 수용액으로 잠긴 모발의 색이 크게 바뀌었다. 이것은 모발에서 염료가 유출된 것이 아니라 색 그 자체가 변하는 [변색]이 일어난 것이다. 즉, 산성 물은 퇴색을 늦추기 위해서는 효과적이지만 변색의 리스크가 높아진다.

<퇴색 실험에 의한 퇴색과 변색>

		퇴색실험전 모발색	알칼리성 수용액	중성 수용액	산성 수용액
레드계열8레벨	퇴색 모발				
	퇴색 실험 후의 수용액 색				

8레벨의 레드계열로 염색한 흰색 모발을 알칼리성, 중성, 산성 수용액에 담그고 퇴색 실험을 진행했다.

실험으로 수용액에 염료가 용해되고 있는 것을 알 수 있을까?

POINT 2 색조에 따라 다른 퇴색의 경향

퇴색의 요인은 매일 하는 샴푸와 트리트먼트, 그리고 자외선. 특히 샴푸와 트리트먼트는 횟수가 늘어남에 따라 모발 내에 잔존하는 염료를 유출시킨다. 브라운계열의 색은 샴푸와 트리트먼트의 횟수가 늘어나도 모발 내부에 머무는색소가 많다. 반면에 애쉬계열은 적어진다. 브라운계열의색소는 분자가 커서 큐티클에서 빠져나오기 어렵지만 애쉬 계열의 색소는 분자가 적기 때문에 잘 유출되고 이러한 이유로 퇴색의 차이가 생긴다.

색의 퇴색 경향은 아래와 같다.

- 브라운계열…색조는 탁해지지만 색은 바뀌지 않는다
- 쿠퍼 계열…선명하지 않고 브라운으로 바뀐다
- 애쉬계열…푸른색이 사라지고 그레이로 바뀐다

POINT 3 열 때문에 색이 바뀐다

컬러링한 모발은 열에 의해 변색이 일어난다. 이것은 열에 의해 모발 내에 머물고 있던 염료의 분자가 파괴되기 때문이다. 변색은 온도가 높아질수록 급격하게 진행되고 같은 온도의 경우에는 시간이 길어질수록 진행한다. 아이롱에 의한 스타일링 시에는 주의가 필요하다.

CHECK! 외워두자

큐티클의 틈으로 염료가 흘러나오면 [퇴색]이 일어나고 pH가 산성으로 가까워지거나 열이 더해지거나 하면 염료가 [변색]한다.

퇴색을 고려한 헤어컬러 디자인이 필요하군요!

홈컬러제

홈 컬러와 살롱 컬러는 어떻게 다를까?

약국 또는 상점에서 수많은 헤어컬러제가 판매되고 있습니다.
이 홈컬러제와 살롱에서 사용되는 헤어컬러제에는 어떤 차이가 있는지 배워봅시다.

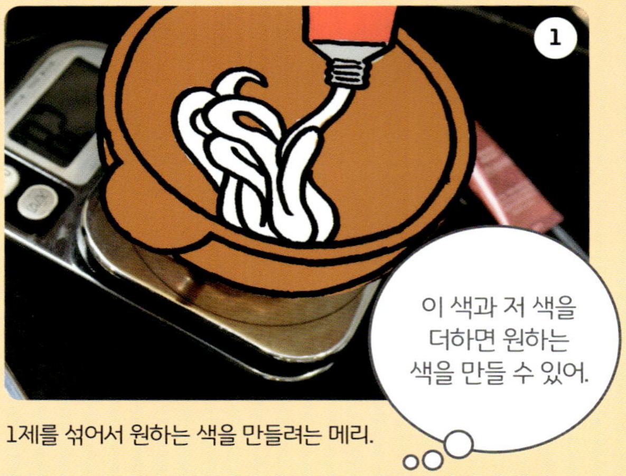

1. 이 색과 저 색을 더하면 원하는 색을 만들 수 있어.

1제를 섞어서 원하는 색을 만들려는 메리.

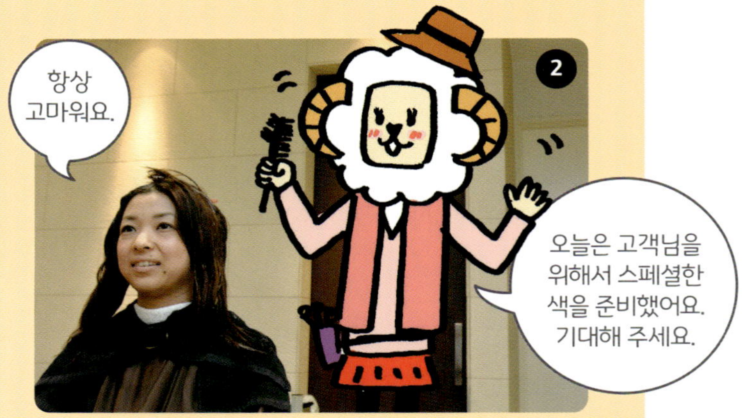

2. 항상 고마워요. / 오늘은 고객님을 위해서 스페셜한 색을 준비했어요. 기대해 주세요.

고객 한 사람 한사람 특별한 헤어컬러로 모발을 염색하는 것을 중요하게 생각하는 메리.

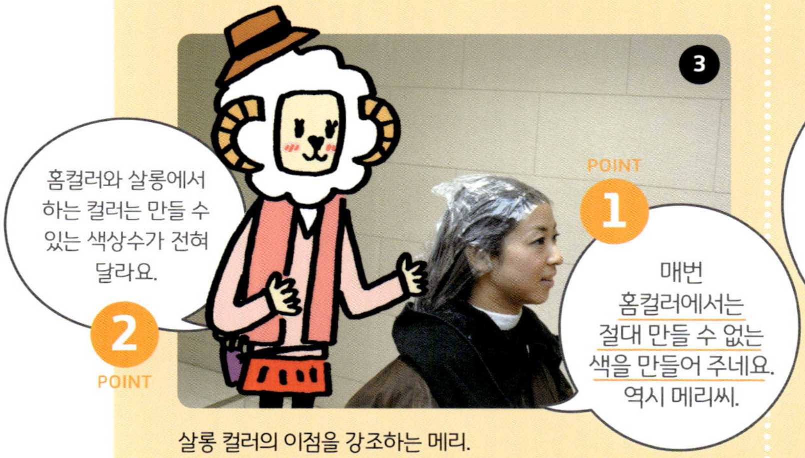

3. 홈컬러와 살롱에서 하는 컬러는 만들 수 있는 색상수가 전혀 달라요. / POINT 1 매번 홈컬러에서는 절대 만들 수 없는 색을 만들어 주네요. 역시 메리씨.

POINT 2

살롱 컬러의 이점을 강조하는 메리.

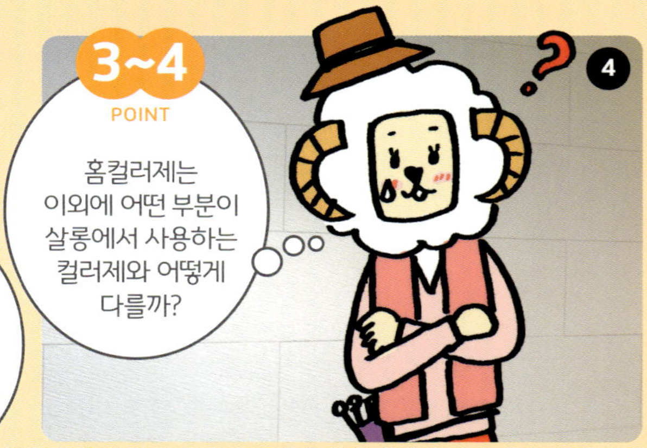

4. 3~4 POINT 홈컬러제는 이외에 어떤 부분이 살롱에서 사용하는 컬러제와 어떻게 다를까?

메리는 홈 컬러제와 살롱 컬러제의 차이에 관해서 문득 의문이 들었다.

이럴 때 알아 두면 좋은 지식은 이것!

 시술자의 차이   색상수·색조의 차이

POINT 3 용기·도구의 차이   **POINT 4** 알칼리제의 차이

POINT 1  시술자의 차이

홈컬러와 살롱 컬러의 최대 차이는 「시술자」이다. 홈컬러는 시술자가 「고객 자신」인 것에 비해 살롱 컬러는 「미용사」가 된다. 고객 자신도 실패하지 않고 예쁘게 물들일 수 있도록 처방된 것이 홈컬러제. 한편 프로 기술을 최대한 발휘할 수 있고 최고의 마무리를 할 수 있도록 설계된 것이 살롱에서 사용되는 헤어컬러제이다.

POINT 2  색상수·색조의 차이

살롱에서 사용되는 알칼리컬러제에는 매우 많은 색(50~200색)이 라인업 되어 있다. 그 색조는 어두운 색부터 선명한 것까지 실제로 폭넓다.
홈컬러제는 한정된 색(5~20색) 라인업이 일반적. 그 색조는 얼룩이 잘 생기지 않고 어두운 것이 중심이다.

POINT 3  용기·도구의 차이

살롱에서 사용되는 알칼리컬러제의 대부분은 1제는 알루미늄 튜브, 2제는 플라스틱 용기.
이 2가지를 미용사가 섞어 사용한다. 홈컬러제는 브러시 타입과 에어졸식으로 1제와 2제가 동시에 나오는 등 고객이 스스로 사용하기 쉽도록 설계되어 있다. 홈컬러제는 그 설계상 색상 수가 풍부한 것보다도 스스로 염색해도 실패하지 않는 것이 중요하기 때문이다.

POINT 4  알칼리제의 차이

살롱에서 사용되는 알칼리컬러제는 휘발이 잘 되는 암모니아수가 1제의 알칼리제로서 사용되는 케이스가 많다. 홈컬러제에서는 암모니아의 자극적인 냄새를 싫어하기 때문에 1제에는 모노에탄올아민이라는 휘발이 잘되지 않는 알칼리가 많이 사용되고 있다. 그러나 이 휘발이 잘되지 않는 알칼리는 자극적인 냄새가 적은 반면 모발에 잔류되어 손상을 지속시키는 단점이 있다.

CHECK! 외워두자

홈컬러와 살롱 컬러의 최대 차이는 시술자. 고객이든 미용사든 각각 시술자가 사용하기 쉽도록 설계되어 있다.

> 홈 컬러에서는 만들 수 없는 프로만의 헤어컬러 디자인을 제안, 살롱 컬러의 가치를 높여 보자.

헤어컬러 질문을 해결!

새삼스레 물을 수 없다!

 헤어컬러 시술 전 모발 진단에서 확인해야 할 포인트는?

 머릿결, 손상, 헤어컬러 이력을 진단한다.

처음 포인트는 머릿결 진단입니다. 모발에 따라 염색 방법이 다르기 때문입니다.
- 잘 물들지 않는 머릿결…두껍다, 단단하다, 소수성
- 잘 물드는 머릿결…가늘다, 부드럽다, 친수성

다음 포인트는 손상 상태입니다. 손상 레벨을 오인하면 「흡수」와 「발색불량」이 일어나기 때문에 정확한 판단이 필요합니다.

마지막 포인트는 헤어컬러 이력, 특히 잔류 색소의 파악입니다. 잔류 색소에 의한 색조 변화와 명도의 변화가 일어나기도 합니다.

 퇴색이 잘 되는 색과 잘되지 않는 색이 있는 것은 왜일까?

 퇴색이 잘되는 것은 염료의 분자가 적기 때문

헤어컬러제는 거기에 포함된(=염료 염료 중간체와 커플러)가 산화 중합되고 발색합니다. 퇴색이 쉬운 색과 어려운 색이 있는 것은 염료(염료중간체와 커플러)의 결합되는 방법의 차이에 따라 결정됩니다.
① [염료중간체+커플러]의 형태로 산화 중합해서 발색
② [염료중간체+커플러+염료중간체] 형식으로 산화중합되어 발색
①의 경우는 염료 2개분의 크기, ②의 경우는 염료 3개분의 크기가 됩니다.(오른쪽 그림 참조). 따라서 ①은 모발에서 잘 유출되고 퇴색이 쉬운 색으로 빨간색과 파란색이 해당됩니다. 한편, ②는 모발에서 잘 유출되지 않고 퇴색이 어려운 색으로 갈색계열의 색입니다.

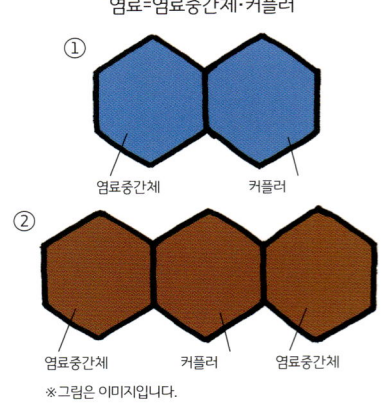

 토너는 무엇인가요? 색을 유지하는 것인가요?

 토너는 뉘앙스를 바꾸는 기술. 색 유지는 7일 ~10일간

토너란 기존 염색모 위에 중간부터 모발끝에 걸쳐 조금만 색을 넣어 모발색 뉘앙스를 바꾸는 기술입니다. 샴푸실에서 적신 모발에 토너에 속하는 헤어컬러제를 넣고 5분 정도 헹구어 냅니다. 큐티클과 콜텍스의 얕은 부분까지만 물들고 7일부터 10일 정도만 유지할 수 있습니다.

여기에서는 헤어컬러에 관한 메리의 질문을
사이몬 선생님이 모발과학의 관점에서 해결하겠습니다.

 유화하면 모발에 어떤 효과가 있나?

 피부의 염료를 씻어내고 색을 오래 유지시킨다.

[유화]의 목적은 2가지입니다. 첫 번째는 피부에 묻은 헤어컬러제를 씻어 깨끗하게 제거하는 것입니다. 염료는 산화중합해서 발색이 진행되면 물에 잘 녹지 않게 되고 물에 씻어내는 것만으로는 떨어지지 않습니다. 그러나 유화해서 피부를 마사지하면, 약제 속에 들어있는 계면활성제의 친유기의 부분이 반응하고 피부에 묻은 산화중합체를 깨끗하게 제거해 줍니다.

두 번째 목적은 산화중합체를 확실하게 모발속에 고정시키는 것입니다. 산화중합체는 [유화] 시의 달라붙어 모발의 더욱 내부에 들어가 염착합니다.

손상된 모발에서는, 모발 내부의 콜텍스에 공간이 생겨 크게 된 염료(=산화중합체)가 잘 고정되지 않습니다. 따라서 건강모와 비교해서 색이 잘 유지되지 않습니다. 그러나 [유화]를 하면 색이 확실하게 정착되고 오래 유지됩니다.

극손상모는 염료가 잘 들어갈 수 있게 되었기 때문에 장시간 [유화]를 진행하면 [흡수] 현상이 일어나 어둡고 흐리게 발색이 되기 때문에 주의합시다.

 헤어컬러제에 의한 트러블은 어떤 것이 있나?

 산화염료 등에 의한 항원 반응으로 인한 알레르기성 접촉 피부염

알칼리컬러제에는 알칼리와 산 등의 자극 물질이 배합되어 있기 때문에 피부의 보호 기능이 저하된 두피와 피부에 닿으면 피부 트러블을 일으킵니다. 또, 알칼리컬러제에 함유된 산화 염료와 블리치제의 과황산염을 항원으로 하는 알레르기성 접촉 피부염이 발생, 중증화되는 케이스도 있습니다. 고객이 알레르기 반응을 일으키는지 그렇지 않은지는 눈으로는 알 수 없습니다. 반드시 문진과 패치 테스트를 실시합시다.

제6장은, 손상이 축적된 기존 염색모를 컬러링하는 경우의 유의점과, 퇴색·변색 등을 중심으로 헤어컬러에 필요한 모발과학의 지식을 배워보았습니다. 또, 홈컬러제 특징에 관해서도 배웠습니다. 이 지식을 기반으로 해서 프로만의 헤어컬러 디자인을 고객에게 제안해 봅시다.

제6장 모발과학 마스터로의 길
복습 테스트

아래의 질문에 관해서 각각 답해주세요.

● 홈컬러제에 많이 사용되는 알칼리제의 이름은 무엇인가요?

고객이 물으면 이렇게 대답하자!
[제6장 살롱워크에서 사용할 수 있는 스탠바이 코멘트집]

Q. 왜 헤어컬러로 윤기와 촉감이 좋아질까?

헤어컬러제에는, 모발 보수성분으로 큐티클과 콜텍스 손상을 보수하는 성분이 배합되어 있습니다. 때문에, 촉감이 좋아지고 모발 표면과 내부가 복구되어 빛이 정반사가 되어 윤기가 생깁니다.

Q. 헤어컬러가 퇴색하는 것은 왜?

퇴색의 원인은 매일 하는 샴푸와 트리트먼트, 자외선 등입니다. 특히 샴푸와 트리트먼트의 횟수가 늘어날수록 모발 내에 잔류하는 염료가 줄어듭니다. 그래서 헤어컬러의 퇴색을 억제하는 샴푸를 준비해두고 있습니다.

Q. 살롱에서 헤어컬러를 하는 장점은?

가장 좋은 것은 홈컬러로는 만들 수 없는 프로만의 헤어컬러 디자인입니다. 살롱 헤어컬러는 색의 숫자와 색조가 홈컬러에 비해서 10배 이상 많습니다. 또, 살롱 컬러와 비교해서 홈컬러는 염색 후 모발을 손상시키는 성분이 잔류하기 쉽기 때문에 살롱에서 하는 헤어컬러를 추천합니다.

Q. 왜 처리제를 쓸까?

헤어컬러의 마무리와 색 유지를 최상의 상태로 만들기 위해서 사용하고 있습니다. 매장에서는 당일 진행하는 블리치로 인해 직후 헤어컬러의 색이 불안정해지지 않도록 플렉스제와 에프터제, 현재 고객의 모발 상태에 맞는 PPT 처리제 등을 병용하거나 구분하여 사용해서 최상의 마무리가 되도록 제안하고 있습니다.

제7장

아름다운 웨이브를 끌어내기 위한

퍼머 구조를 파악

퍼머에 사용하는 제품에는 의약외품 「퍼머제」와 화장품 분류의 「컬링료」가 있고, 그 종류와 사용 방법의 베리에이션도 풍부합니다. 각각의 특성을 이해하고 사용할 수 있도록 자신만의 지식으로 만들어 갑시다.

퍼머 모발과학
살롱워크 측면에서 배우는 제7장의 주제들

고객과의 대화를 계기로 생긴, 다양한 질문을 해결해 보겠습니다.
제7장은 「퍼머」에 유용한 주제들을 보겠습니다.

STEP.1 ⇩ p.114로 — 어떻게 컬이 생기나?

퍼머를 하면 모발에 장기간 컬이 유지되는 이유를 알아보자.

STEP.2 ⇩ p.116으로 — 퍼머용 제품에 함유된 성분은?

모발에 작용하는 성분은 어떤 것이 있는지 알아보자.

STEP.3 ⇩ p.118로 — 중간 헹굼은 왜 하나?

1제를 도포 후에 헹궈내면 어떠한 효과가 있는지 알아보자.

STEP.4 ⇩ p.121로 — 2제의 기능은 무엇?

확실하게 산화를 이끌어내는 2제 도포 방법을 알아보자.

STEP.5 ⇩ p.124로 — 핫 계열 퍼머의 특징은?

열을 이용해서 하는 퍼머의 장점을 알아보자.

STEP.6 ⇩ p.126으로 — 퍼머의 시술 불량이 생기기 쉬운 타이밍은?

손상시키지 않는 방법을 알아보자.

[준비체조] 제7장 스트레칭
현재의 「퍼머제」가 등장하기까지의 역사

퍼머의 기원은 기원전 3000년!?

퍼머에 유용한 모발과학을 배우기 전에 준비체조! 여기에서는 현재 「퍼머제」(의약외품)의 종류와 퍼머제가 만들어지기까지의 역사를 알아보고 나서 모발과학의 문을 열어 봅시다.

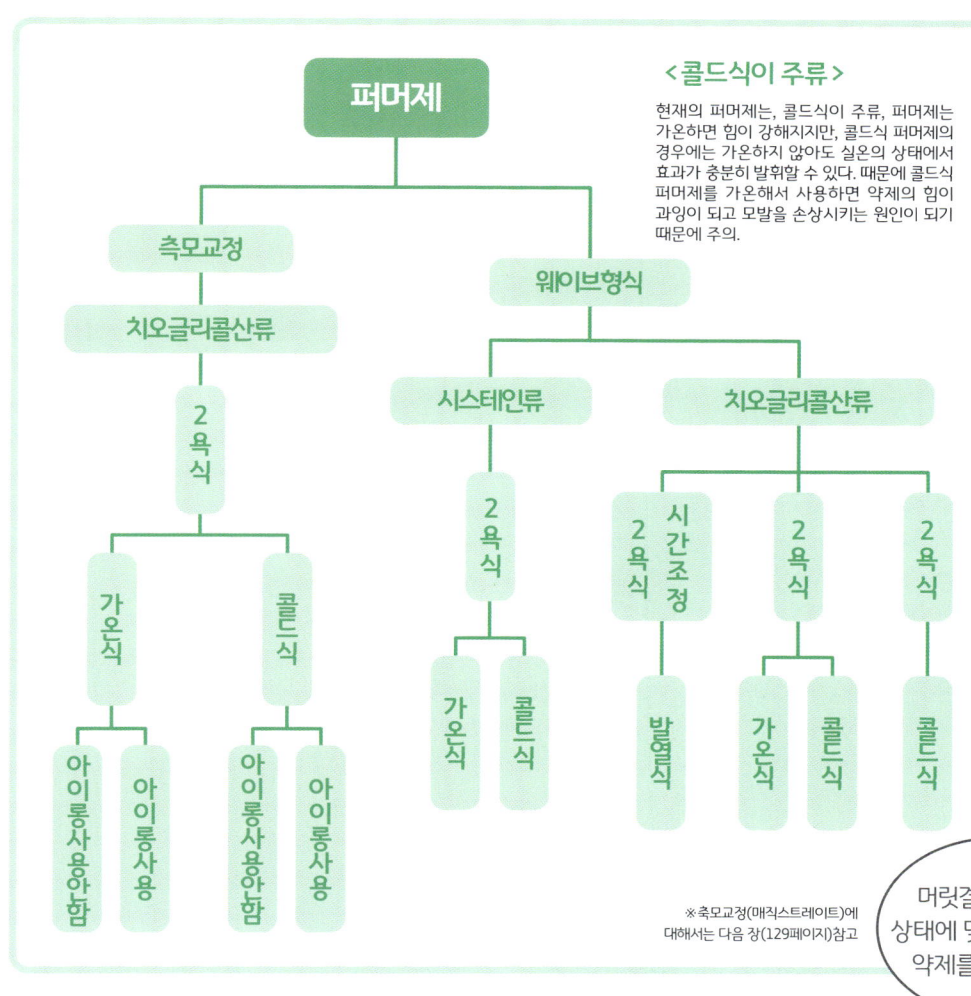

※축모교정(매직스트레이트)에 대해서는 다음 장(129페이지)참고

＜콜드식이 주류＞
현재의 퍼머제는, 콜드식이 주류. 퍼머제는 가온하면 힘이 강해지지만, 콜드식 퍼머제의 경우에는 가온히 않아도 실온의 상태에서 효과가 충분히 발휘할 수 있다. 때문에 콜드식 퍼머제를 가온해서 사용하면 약제의 힘이 과잉이 되고 모발을 손상시키는 원인이 되기 때문에 주의.

요즘은 어떤 퍼머제가 있나?

퍼머용 제품에는 「퍼머제」와 「컬링료」가 있다. 퍼머제는 약사법상 「퍼머넌트 웨이브용제」라고 불리고 「의약품」과 「화장품」 중간에 위치하는 「의약외품」에 해당한다. 이런 퍼머제는 유효성분과 용법으로, 왼쪽의 표와 같이 10종류로 분류할 수 있다. 한편 컬링료는 「화장품」이고 각각 특징적인 환원 작용이 있는 다양한 성분을 배합할 수 있다. (117 페이지/ POINT ②를 참조)

머릿결과 손상의 상태에 맞춰 사용하는 약제를 선택하자!

퍼머의 기원을 알아보자

역사상 등장하는 퍼머 기술의 기원이라고 하면, 기원전 3000년쯤까지 거슬러 올라간다. 모발에 롯드를 마는 대신 나뭇가지로 말고 흙으로 팩. 퍼머넌트 웨이브가 등장한 것은 1872년에 파리의 미용사 마르셀 그라토가 고안한 헤어아이롱식 퍼머(마르셀 웨이브). 뜨거운 아이롱을 사용해서 모발에 웨이브를 만들기 때문에 모발이 젖으면 원래대로 다시 돌아왔다. 그에 비해 1905년에 영국의 이발사 네슬러가 알칼리와 전열기를 이용한 웨이브 방법을 발명, 1908년 특허를 취득. 이것이 현대 퍼머의 기원이라고 할 수 있다. 그 후, 1936년에 치오글리콜산의 화학 반응을 인모케라틴에 응용한 기법이 개발되어 현재의 콜드퍼머의 원형이 되었다.

＜퍼머 역사의 변천＞

연대	명칭	주요 사용물
기원전 3000년	—	나뭇가지, 흙
1872년	마르셀웨이브	따뜻한 봉
1905년	네슬러웨이브	알칼리 전열기
1936년	콜드퍼머	치오글리콜산

컬 형성 메커니즘

모발에 컬이 어떻게 만들어지는 것일까?

우선, 모발에 컬을 만드는 메커니즘을 소개하겠습니다.
퍼머제가 어떻게 모발에 작용하는지를 알고 살롱워크에서 활용해 봅시다.

이럴 때 알아 두면 좋은 지식은 이것!

POINT 1 컬이 생성되는 기초

POINT 2 컬은 왜 풀릴까?

POINT 1 컬이 생성되는 기초

모발은 아미노산의 결합체로 형성되어 있다.
그리고 아미노산들은 펩타이드결합에 의한 주쇄결합과 시스틴결합, 염결합, 수소결합 등에 의한 측쇄결합으로 연결되어 있다. 퍼머 란 주로 측쇄 결합에 작용하고 결합을 풀어 모발의 형상을 바꾸고 재결합 시킨다. 여기에서는 퍼머의 프로세스와 메커니즘을 차례대로 살펴보자.

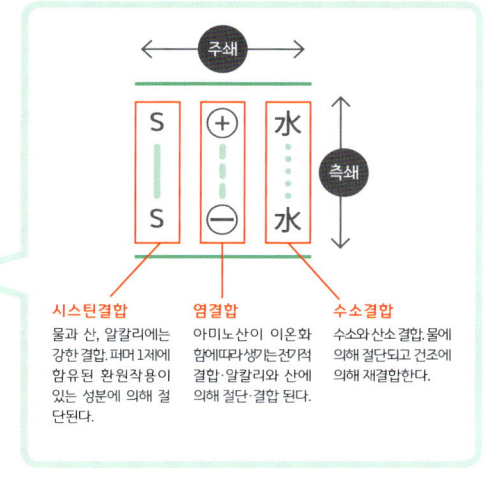

시스틴결합 물과 산, 알칼리에는 강한 결합. 퍼머 1제에 함유된 환원작용이 있는 성분에 의해 절단된다.

염결합 아미노산이 이온화 함에따라 생기는 전기적 결합·알칼리와 산에 의해 절단·결합 된다.

수소결합 수소와 산소 결합. 물에 의해 절단되고 건조에 의해 재결합한다.

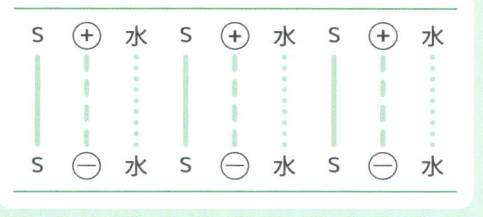

시술 전 모발내부가 안정된 상태

웨트+와인딩
웨트가 되면「수소결합」이 절단된다. 그리고 와인딩으로 인해 모발이 휘어지고 기타 결합에 변형이 생긴다.

1제 도포 후
퍼머의 1제에 함유된「환원작용이 있는 성분」에 의해「시스틴 결합」이 절단되고 알칼리에 의해「염결합」이 절단된다.

2제도포+드라이
와인딩에 의해 원래 위치에서 벗어난 각종 결합이 퍼머 2제에 함유된「산화 작용이 있는 성분」에 의해 재결합, 컬이 형성된다.

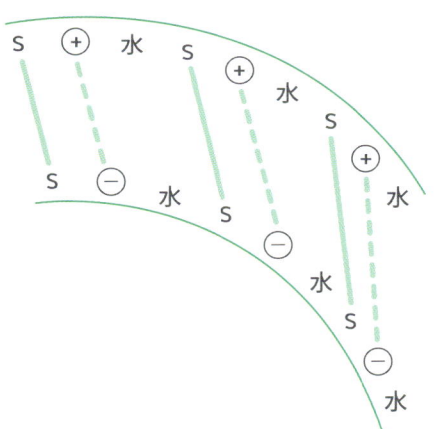
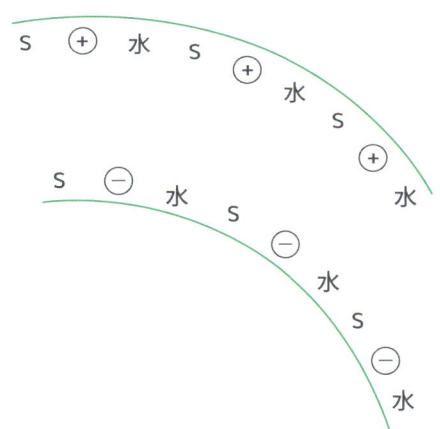
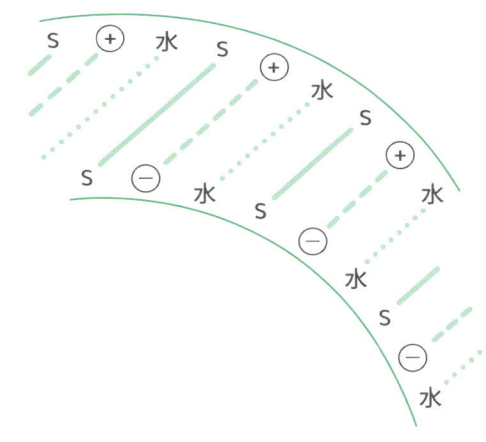

POINT 2 컬은 왜 풀리는 걸까?

컬이 풀리는 이유는 크게 4가지. ① 매일 하는 샴푸·드라이의 반복에 의해 수소결합·염결합의 절단과 재결합이 진행, 모발이 원래의 형태에 가까워지려고 한다. ② 시스틴 결합에서 컬의 상태는 고정되어 있지만, 퍼머를 했을 때 큐티클과 콜텍스에 뒤틀림이 생기거나 원래대로 돌아가려고 하는 힘이 작용한다. ③ 일상생활에서 모발이 받는 손상 등으로 모발 성분의 유실이 일어나고 모발에 탄력이 없어진다. ④ 퍼머 시술 시 2제에 의한 산화. 즉, 시스틴 결합의 재결합이 불완전하면 더욱 빨리 풀린다.

환원작용이 있는 성분

다양한 퍼머제를 어떻게 적절하게 활용할까?

현재 퍼머 제1제와 컬링료 1제는 종류가 다양합니다. 여기에서는 그 성분, 특히 환원 작용이 있는 성분의 종류에 관해서 파악하면서 적절한 활용 방법을 배워봅시다.

POINT 1

퍼머용 제품은 어떤 성분이 들어가 있나요?

1제 도포 후 방치 시간에 퍼머제에 대한 질문을 하는 고객. 그것에 적절하게 답할 수 없는 메리였다.

퍼머제는 여러 종류가 있는데 어떤 차이가 있는 것일까?

POINT 2

퍼머제에 포함되어 있는 성분의 차이에 관해서 알고 싶어진 메리.

이럴 때 알아 두면 좋은 지식은 이것!

POINT 1 환원작용이 있는 성분의 종류

POINT 2 퍼머제 1제 및 컬링료 1제의 성분

의약외품(퍼머제) 환원제

- 치오글리콜산
- 시스테인 5 종류
  - L-시스테인
  - 염산 L-시스테인
  - DL-시스테인
  - 염산 DL-시스테인
  - N-아세틸-L-시스테인

화장품(컬링료) 환원 성분

- 치오글리콜산
- 시스테인
- 시스테아민
- 치오글리세린
- 락톤티올
- 치오글리콜산글리세린
- 아황산염(설파이트)

등

POINT 1 환원작용이 있는 성분의 종류

퍼머용제 품 1제·1제에 함유된 「환원작용이 있는 성분」은 모발 속 시스틴 결합(S-S 결합)을 절단하는 중요한 성분. 우선은 그 종류를 확인해 보자.

POINT 2 퍼머제 1제 및 컬링료 1제의 성분

퍼머제 1제와 컬링료 1제에 함유된 환원작용이 있는 성분의 종류와 특징을 이해하며 그 외의 성분에 관해서도 모두 파악해서 살롱 워크에 활용하자.

> **CHECK! 외워두자**
> 의약외품과 화장품에서는 배합할 수 있는 환원작용이 있는 성분의 「종류」와 「양」이 다르다.

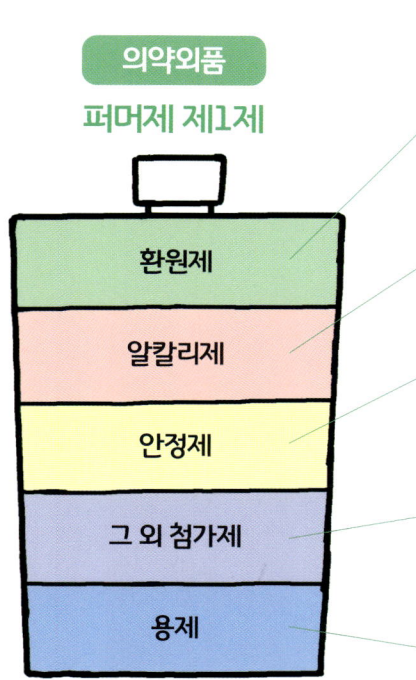

의약외품 퍼머제 제1제

성분	특징
치오계열…치오글리콜산 시스계…시스테인, 아세틸시스테인 등	1제 주성분. 모발의 시스틴 결합을 절단(환원) 하는 작용이 있다. 치오글리콜산에 의한 컬 형성은 확실한 럿지로 단단한 촉감이 된다. 시스테인에 의한 컬 형성에서는 부드러운 럿지로 촉촉한 감촉이 된다.
암모니아, 모노에탄올아민, 2-아미노-2-메틸-1 프로판올 (AMP), 탄산수소암모늄 등	염결합을 절단하고 또 pH를 조정하는 작용이 있다. 각종 환원제에 의해 효력이 최대가 되는 pH는 각기 다르기 때문에 제품마다 적절한 작용이 되도록 조정되어 있다. 암모니아와 모노에탄올아민은 작용이 강한 반면, 암모니아는 냄새가 강하고 모노에탄올아민은 잔류가 쉬운 특징이 있다.
킬레이트제 (에데테이트이나트륨 등), 산화방지제	킬레이트제는 금속 이온의 영향으로 환원제가 열화 하는 것을 방지한다. 또 시스계열의 퍼머에서는 치오글리콜산은 시스테인의 열화를 방지하기 위한 산화방지제로도 사용된다.
반응조정제, 컨디셔닝 성분, 항염증제, 계면활성제, 향료	치오계열 퍼머제의 환원제의 과잉 반응을 방지하기 위해서 반응 조정제로서 디티오글리콜산이 함유될 수 있다. 컨디셔닝 성분은 손상에서 모발을 보호하고 퍼머 후 모발의 상태를 정돈하기 위해서 배합된다 (PPT, 유분, 보습성분, 폴리머 등). 항염증제는 두피의 자극을 완화한다. 계면활성제는 약제의 침투를 향상시킴과 동시에 다른 성분과 약제를 섞기 쉽게 한다. 향료는 알칼리제와 환원제에 의한 불쾌한 냄새를 완화 한다.
정제수	1제에서 필요한 성분을 모두 녹여서 1제의 모체가 된다.

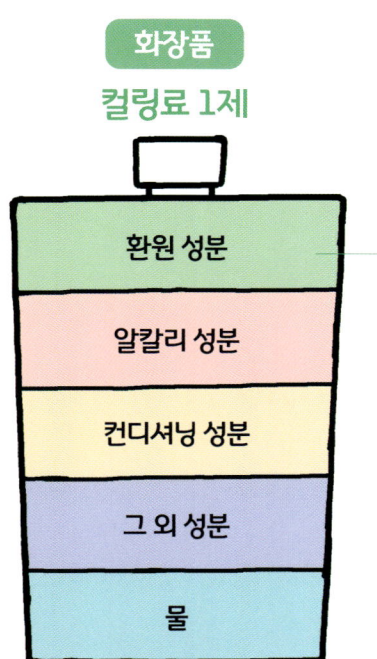

화장품 컬링료 1제

성분	특징
치오글리콜산	$[HS-CH_2-COOH]$ 또렷한 럿지와 단단한 질감이 특징. 손상은 비교적 크지만 컬링료에 배합할 수 있는 것은 손상의 영향이 적은 2% 미만.
시스테인	$[HS-CH_2-CH(NH_2)-COOH]$ 부드러운 럿지로 부드러운 느낌의 스타일에 적합하다. 촉촉한 질감으로 손상모에도 적합한다.
시스테아민	$[HS-CH_2-CH_2-NH_2]$ 낮은 pH에서도 또렷한 럿지로 둥근 웨이브에 적합하다. 가볍고 탄력이 있는 촉감이 된다.
치오글리세린	$[HS-CH_2-CH(OH)-CH_2OH]$ 균일하고 입체적인 럿지가 특징. 촉촉한 질감이 되기 때문에 무거워질 수 있다.
락톤티올	$[HS-C_4H_5O_2]$ 산성영역에서 충분히 환원 작용을 하기 때문에 산성 컬링료에 배합된다. 컬은 부드러운 촉감·향이 강하다.
치오글리콜산글리세린 (GMT)	$[HS-CH_2-COO-CH_2-CH(OH)-CH_2OH]$ 물에 용해되면 분해돼기 때문에 효력을 발휘하기 위해 용시조제로 사용된다. 산성 영역에서 컬을 형성. 약간 드라이하고 탄력이 있는 촉감이다.
아황산염(설파이트)	$[Na_2SO_3]$ 잔잔하게 작용한다. 부드러운 촉감이 된다.

※번역자 주 용시조제 : 그때 그때 즉석에서 원료를 배합하는 것.
※열화 degradation, deterioration, 劣化 : 재료가 열, 빛, 방사선, 산소, 오존, 물, 미생물 등의 작용을 받아 그 성능과 기능 등의 특성이 떨어지는 현상.

중간 헹굼

중간 헹굼은 무엇 때문?
크리프는 무엇일까?

퍼머의 1제 도포 후, 2제 도포 전에 실시하는 중간 헹굼.
번거로운 이 프로세스의 목적과 효과, 그리고 「크리프」에 관해서 소개하겠습니다.

1
네~~, 약을 헹구어내도 퍼머가 말리나요?

샴푸대에 이동해서 약을 따뜻한 물로 헹굴게요.

POINT 1~3

중간 헹굼을 위해 샴푸대로 이동하는 메리.

2
괜찮아요. 그리고 따뜻한 물로 약의 냄새를 없애주기도 해요.

메리는 중간 헹굼의 효과에 관해서 설명.

3
음, 그런데 컬이 잘 풀리거나 하지는 않나요?

고객의 질문에 자신을 가지고 대답할 수 없는 메리였다.

이럴 때 알아 두면 좋은 지식은 이것!

POINT 1 중간 헹굼의 효과

POINT 2 크리프란?

POINT 3 크리프 현상의 실제

POINT 1 중간 헹굼의 효과

「중간 헹굼」이란 퍼머 1제의 프로세스가 끝나고 2제를 도포하기 전에 1제를 씻어내는 작업을 말한다. 모발에 1제가 남아있다면 환원작용이 있는 성분과 잔류 알칼리에 의해 반응이 촉진되어 모발을 손상시킬 수 있으나 1제를 적절히 씻어냄으로써 이러한 손상을 억제할 수 있다. 또, 2제가 1제와 섞이면 작용이 약해지거나 반대로 촉진되거나 하기 때문에 작용 불량에 의한 얼룩의 원인이 된다. 1제를 확실하게 씻어내어 2제를 충분히 안정시켜 작용시킬 수 있다.

〈중간 헹굼을 하지 않는 경우에는, 직후·2주 후 모두 컬 풀림이 보인다.〉

※시험조건
사용약제(방치시간) : [프라이어 컬 아돌 H1] (12분), [1/2](15분), [2/2]
사용모발 : 손상레벨 3모발
모발을 60℃ 수온에 20분 방치 및 2주 후의 상태를 기준으로 했다.

POINT 중간 헹굼을 성공시키기 위해서

① 롯드당 5~10초 흘러내린다.
② 롯드의 표면·이면을 헹군다.
③ 샤워 노즐의 수압은 70%~80% 정도로 한다.
④ 온도는 미지근한 편.

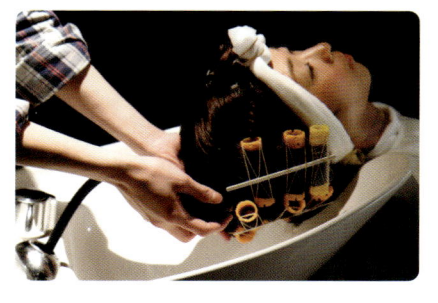

CHECK! 외워두자
중간 헹굼은 손상을 억제하고 컬을 오래 유지할 수 있다.

(롯드는 하나하나 조심스럽게 씻어내자!)

POINT 2 크리프란?

크리프란 중간 헹굼 후에 모발의 수분을 유지하면서 낮은 온도(55℃ 이하)에서 가온하는 공정. 구체적으로는
① 와인딩에 의해 모발 내부에 생긴 뒤틀림, 즉 스트레스를 콜텍스를 이동시킴으로써 제거한다.
② 환원시 모발 내부에서 발생하는 시스테인(=모발내부 1제)의 힘에 의해 중간 헹굼 후에도 느린 환원 작용을 지속시킬 수 있다.

때문에, 크리프의 공정을 거치면, 1제를 필요 이상으로 작용 시키지 않고 럿지와 탄력을 만들 수 있다. 또 모발에 남는 뒤틀림도 줄기 때문에 컬의 지속성도 높아진다.

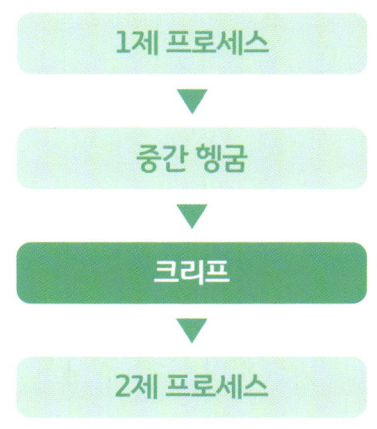

1제 프로세스 → 중간 헹굼 → **크리프** → 2제 프로세스

POINT 3 크리프 현상의 실제

크리프를 할 때, 모발 내부에는 어떤 현상이 일어날까. 이미지로 확인해 보자.

평상시
콜텍스는 모발 내에 꽉 차있고 고정되어 있다.

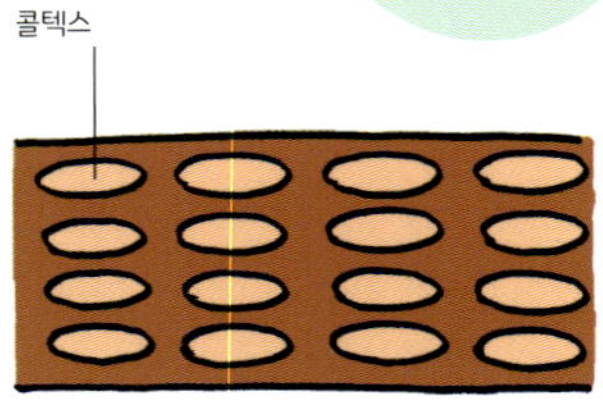

와인딩
구부러진 콜텍스에 응집과 이완이 생긴다.

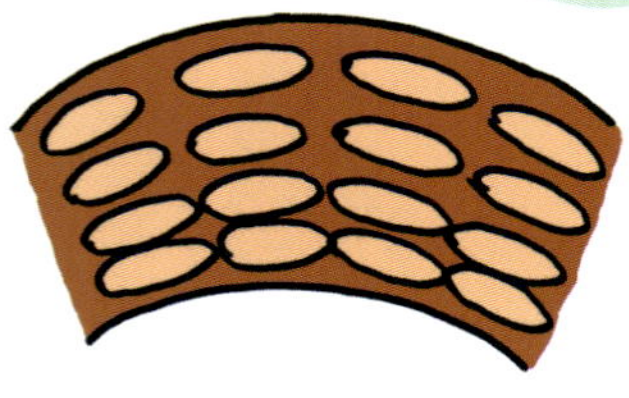

1제
모발이 팽윤, 스트레스(응집)가 발생한 시스틴 결합이 잘리고 콜텍스가 엇갈린다.

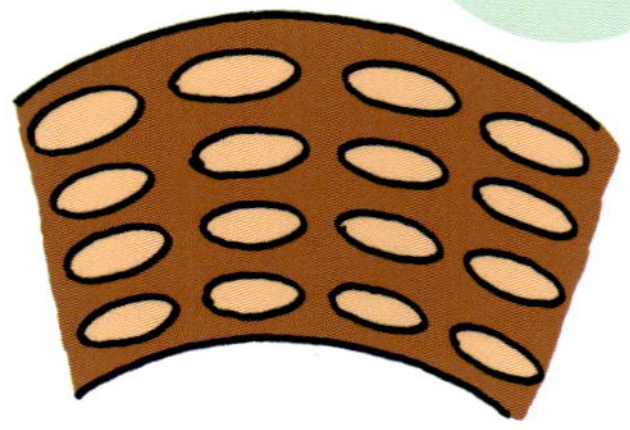

중간 헹굼
모발이 더욱 팽윤하여 콜텍스 사이에 틈이 생긴다.

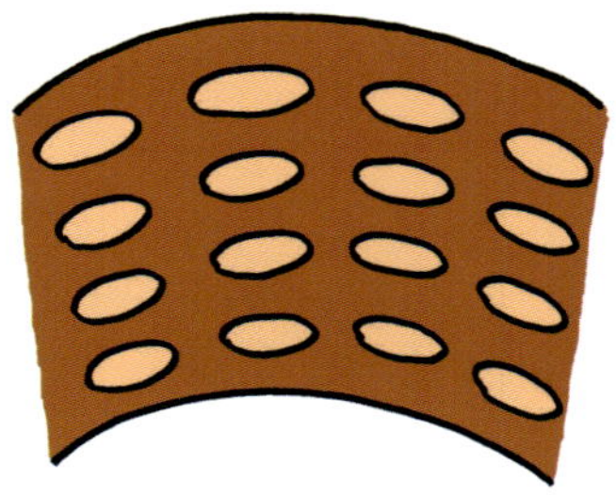

크리프
스트레스(응집) 없는 부분까지 콜텍스가 엇갈려 움직인다. 수분을 유지시켜 55℃ 이하에서 가온하는 것이 보다 효과적.

가온에 사용하는 기구
- 가압가열수증기
- 스티머
- 롤러볼(캡착용)
- 드라이어(캡착용)
- 따뜻한 타올
- 전용기구 등

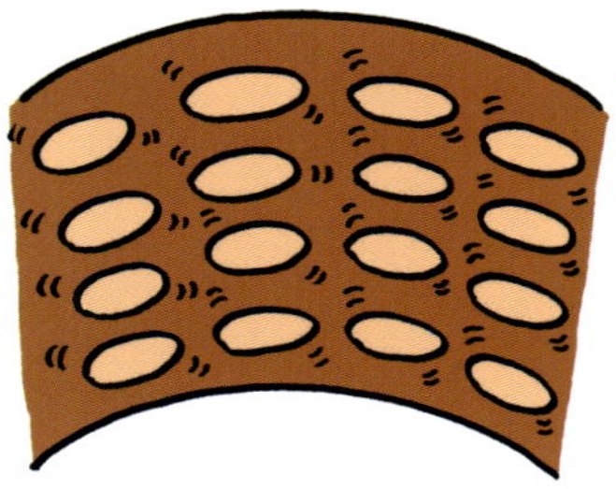

2제
모발에 따라 스트레스(응집) 없는 매끄러운 컬이 생긴다.

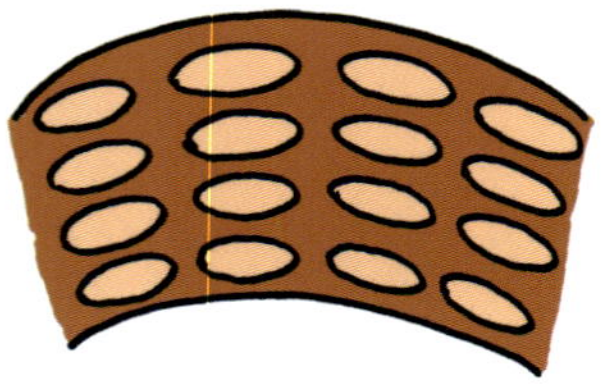

크리프로 활용한다 [모발내 1제]

퍼머 1제 도포에 의해 모발에 포함된 약 3%의 시스틴 결합이 잘리면 모발 내부에는 환원작용이 매우 느슨한 [모발내 1제 환원작용이 있는 SH]가 생긴다. 이 모발 내 1제는 중간 헹굼에서 퍼머 1제를 헹구어 내고 크리프 시키면 작용을 시작, 스트레스가 있는 시스틴 결합을 자르고 모발 내부를 스트레스가 없는 상태로 이끈다.

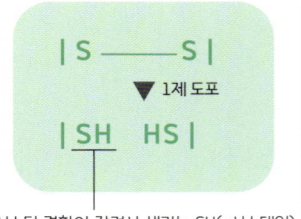

|S———S|
▼ 1제 도포
|SH HS|

시스틴 결합이 잘려서 생기는 SH(=시스테인)에는 약한 환원작용이 있다. 이것을 모발내 1제라고 부른다.

<장점>
- 뿌리에 볼륨을 만들 수 있다
- 확실한 릿지가 생긴다
- 매끄러운 질감이 된다

<단점>
- 시간이 걸린다

※에어퍼머에서 진행되는 「그라스화」는 크리프 후에 55℃ 이하 바람으로 모발을 건조 시키는 공정(전용 기구를 사용). 모발 내부와 외부의 불필요한 수분을 없애고 콜텍스를 고정시켜 큐티클을 컬 형성에 따라 닫는다. 드라이 상태의 컬을 기억 시킬 수 있기 때문에 드라이 시에 재현성이 좋은 부드러운 컬을 얻을 수 있고 오래 유지된다(125페이지 /POINT ② 참조).

산화
2제를 도포한 모발 에는 어떤 변화가 있을까?

시스틴 결합을 재결합시키는 산화. 이 산화에 관해서 최근에는 새로운 이론 「알칼리 브롬에 의한 산화」가 전개되고 있습니다. 실제 알칼리브롬을 사용한 결과와 함께 「완전 산화」에 관해서 배워 봅시다.

이럴 때 알아 두면 좋은 지식은 이것!

POINT 1 퍼머제 2제 및 컬링료 2제의 성분

POINT 2 과산화수소와 브롬산나트륨의 차이

POINT 3 브롬산나트륨의 작용

POINT 1 퍼머제 2제 및 컬링료 2제의 성분

펌제 2제와 컬링료 2제에 포함된 성분의 특징을 확실히 이해해 보자.

의약외품 — 퍼머제 2제

성분	특징
과산화수소(과수) 브롬산나트륨(브롬)	1제로 환원되어 절단된 상태의 시스틴 결합을 연결하는(산화하는) 기능을 한다.
킬레이트제(에데테이트 등), pH 조정제 (인산, 구연산 등)	킬레이트제는 금속 이온의 영향을 방지한다. pH 조정제는 산화제를 안정적으로 유지한다.
컨디셔닝 성분, 방부제, 향료 등	컨디셔닝 성분은 퍼머 후의 모발 상태를 정돈하기 위해서 배합된다. 유분, 보습성분, 폴리머 등이 있다. 방부제는 미생물에 의한 열화를 방지한다.
정제수	2제로서 필요한 성분을 모두 녹이고 2제의 모체가 된다.

퍼머제 2제 구성: 산화제 / 안정제 / 그 외 첨가제 / 용제

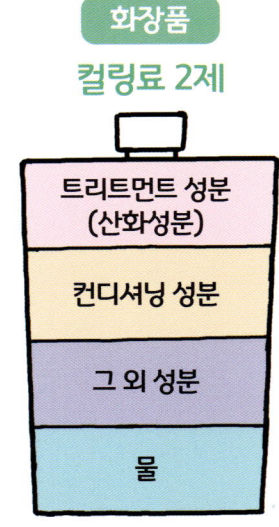

화장품 — 컬링료 2제

구성: 트리트먼트 성분(산화성분) / 컨디셔닝 성분 / 그 외 성분 / 물

컬링료 2제는 컬링료와 조합이 가능한 산화성분 배합의 트리트먼트. 의약외품과 가장 다른 점은 과산화수소를 배합할 수 없다는 점이다.

POINT 2 과산화수소와 브롬산나트륨의 차이

2제에 사용되는 산화성분·과산화수소와 브롬산나트륨에는 마무리에 차이가 있다.

- 과산화수소 = 웨이브 유지력이 높지만 탄력이 적고 약간 단단하게 마무리
- 브롬산나트륨 = 탄력이 있고 약간 매끄러운 마무리

이 차이는 주로 산화력이 다르기 때문에 생긴다고 여겨진다.

CAUTION! 주의!!

"과산화수소와 브롬산나트을 섞어 양쪽 모두 좋은 곳을 만들자……"라는 생각은 절대적으로 NG. 이것들을 섞으면 유독가스가 생긴다. 절대적으로 혼합해서 사용해서는 안된다!

〈2제-산화제의 특징〉

과산화수소 (과수)	브롬산나트륨 (브롬)	
강하다	약하다	산화력
• 알칼리 영역에서 활성화 • 방치 시간 5~8분	• 산성 영역에서 활성화 • 방치시간 15분(2번 도포)	특성

산화력이 강해 화장품에서의 배합은 금지되어 있다.

POINT 3 브롬산나트륨의 작용

원래, 산화(컬 고정) 성분인 브롬 (브롬산나트륨)은 pH가 산성 상태이면 힘이 강해지기 때문에 일반적으로 산성으로 사용된다(산성브롬). 그런데 최근 연구 결과, 반드시 산성브롬만이 컬 고정에 유효한 것이 아니라는 점을 알게 되었다. 완만하게 작용하는 알칼리성으로 사용(알칼리브롬)하면 모발 표면뿐 아니라 안쪽부터 산화할 수 있는 것을 알게 되었다. 그리고 롯드아웃·물헹굼 후에 저농도 산성브롬으로 처리하면 대부분 완전하게 산화할 수 있다.

2제가 안쪽까지 잘 스며들도록하는 공부.

| 산화작용의 강화 | 알칼리브롬 (pH9) < 산성브롬 (pH6) |
| 컬 정착 | 알칼리브롬 (pH9) > 산성브롬 (pH6) |

인모 실험으로 산화의 형태를 비교해 보자

시술 전
인모(흰머리)를 사용한 실험 시술전의 상태.

이 실험에서는 브롬이 모발에 침투해서 작용하면 색소 염료가 옅어진다. 즉, 색소 염료가 옅어진 부분은 산화가 확실하게 되었다는 것을 나타낸다.

중간 헹굼 후
1제 작용 후에 색소 염료를 침투 시킨 인모(흰머리). 1제에서 시스틴 결합이 열린 상태.

알칼리브롬으로 산화
알칼리브롬을 도포한 상태. 알칼리브롬은 모발 내부까지 침투하기 때문에 안쪽부터 청색 염료가 옅게 되었다. 알칼리브롬의 산화력은 약하고 천천히 작용하기 때문에 내부까지 쉽게 침투할 수 있다고 여겨진다.

산성브롬으로 산화
산성브롬을 도포한 상태. 산성브롬은 내부로의 침투력이 약하기 때문에, 아직 청색 염료가 남아있다. 내부로의 침투가 약한 것은 산성브롬의 산화력이 강해서 모발 외측을 순식간에 산화시켜 버리고 큐티클이 조여져 내측까지 침투하기 어려운 상태가 되기 때문이라고 여겨진다. 모발 내부의 산화가 불완전하기 때문에 컬 정착이 약해져버린다.

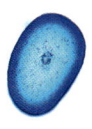

다음으로 컬 정착을 위해 저농도의 산성 브롬을 도포. 큐티클을 정착시키고 모발의 pH를 중성으로 되돌리면서 모발을 조인다.

CHECK! 외워두자

산성브롬에 의한 산화는 큐티클 부근에서 작용하고 모발 내부까지 침투가 어렵다. 알칼리브롬을 사용해서 모발 내부의 컬 정착을 목표로 해보자!

천천히 2제를 모발에 침투시키면 예쁜 컬을 만들 수 있다!

퍼머에서의 열

핫계열 퍼머와 콜드퍼머의 차이는 무엇일까?

전용 가열 롯드 등을 이용해서 모발에 열을 가해 컬을 만드는 것이 핫계열 퍼머.
보통 콜드퍼머와의 차이는 무엇일까요?

이럴 때 알아 두면 좋은 지식은 이것!

POINT 1 핫계열 퍼머의 메커니즘

POINT 2 「과정 하나」가 퍼머를 진화시킨다

POINT 1 핫계열 퍼머 메커니즘

모발의 주성분인 단백질은 가열하면 응고되어 원래의 형태로 돌아가지 않는 성질이 있다. 이 현상을 「단백질 열변성」이라고 한다. 핫계열 퍼머는 시스틴 결합의 절단, 재결합과정 뿐만 아니라, 「단백질 열변성」을 동반하며 컬을 정착시키는 구조. 컬력이 강하고 또렷한 릿지가 있는 컬 형성력이 뛰어나고 콜드퍼머보다도 오래 유지된다.

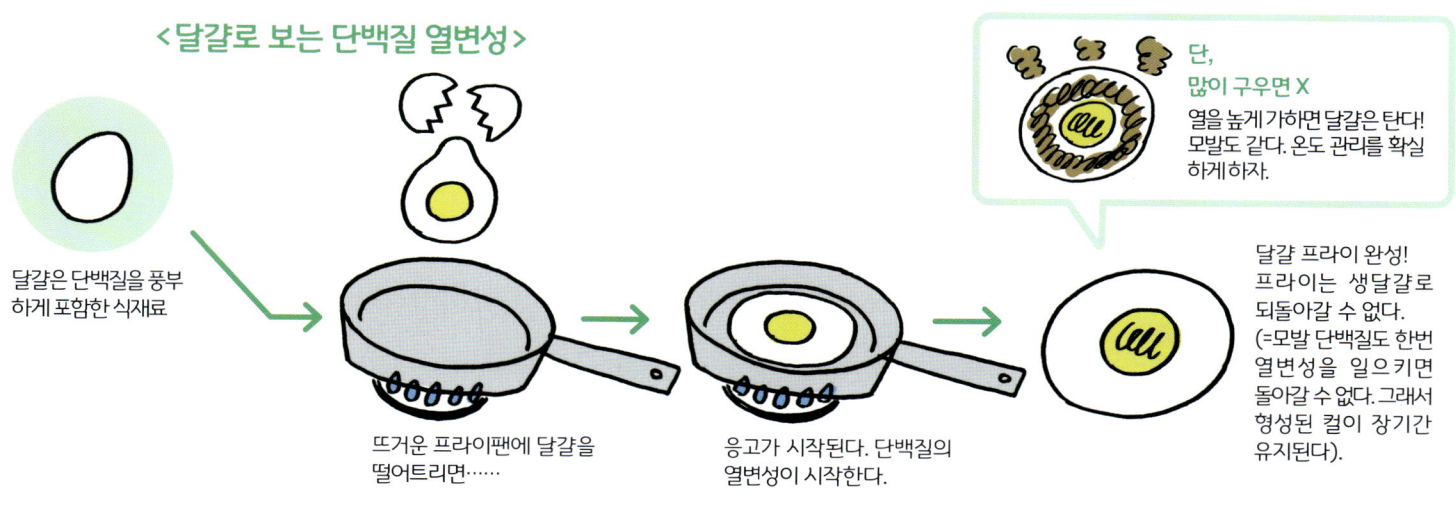

POINT 2 「과정 하나」가 퍼머를 진화 시킨다

어떤 퍼머도 시스틴 결합을 절단하고 재결합시켜 형태를 정착시키는 것은 같다. 열처리를 시술하거나 크리프 시키거나 하는 등 「시술과정 하나」를 추가한 각종 퍼머의 특징 정리.

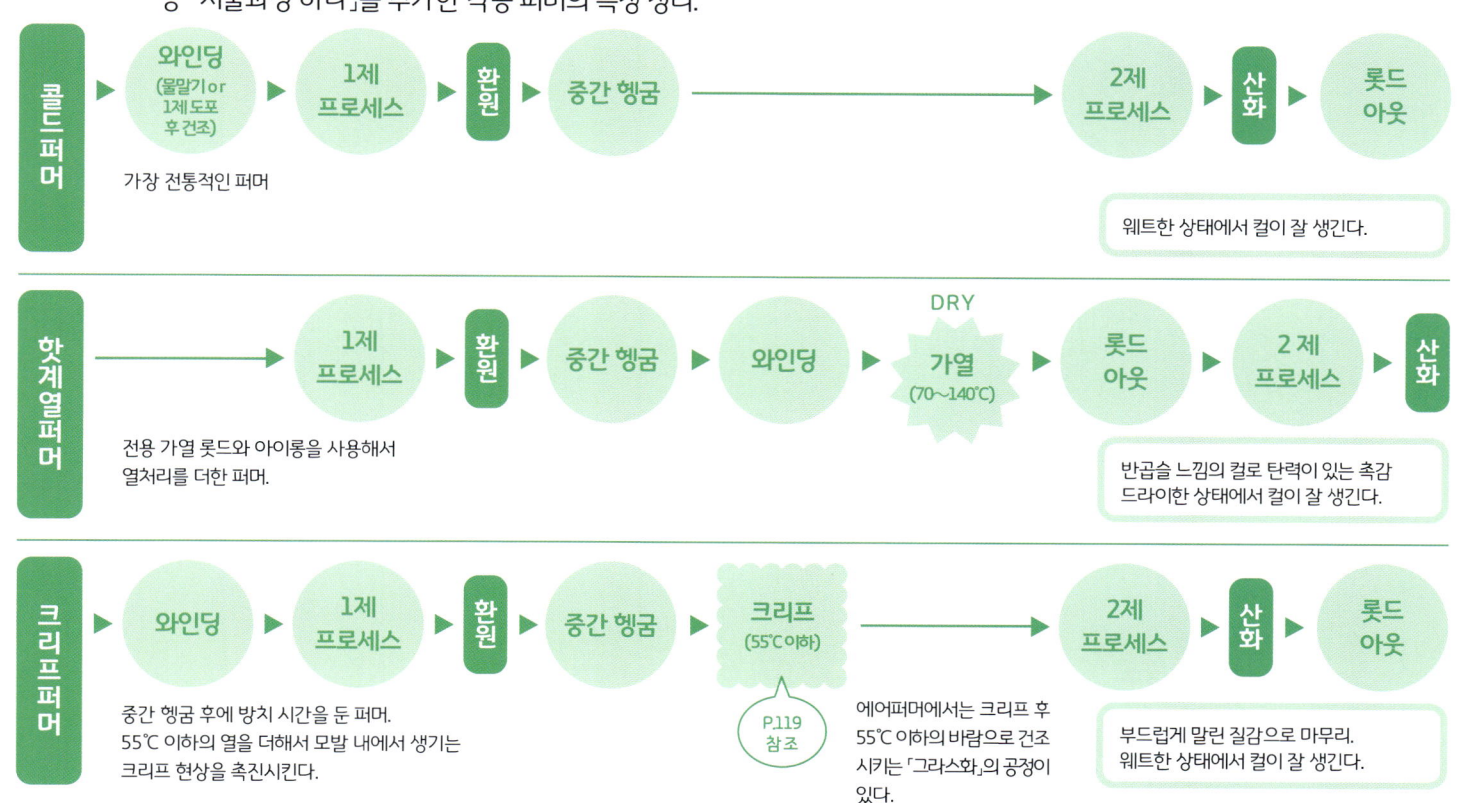

시술 불량

퍼머 과정에서 어떤 잘못이 손상으로 이어질까?

모발의 손상이 걱정되는 고객이 많기 때문에 퍼머를 할 때 모발에 대한 손상은 최소한으로.
그럼 어떠한 시술 과정이 퍼머에 손상을 주는지 알아봅시다.

이럴 때 알아 두면 좋은 지식은 이것!

POINT 1 시술 불량에 의한 손상 포인트

POINT 2 보호용 트리트먼트의 목적

POINT 1 시술 불량에 의한 손상 포인트

각 프로세스에서 어떤 시술 과정이 모발을 손상시키는지 알아보자.

CHECK! 외워두자

퍼머에 의한 손상은 1제의 과잉 작용, 또는 2제의 부적절한 사용이 큰 원인이 된다.

> 누구보다도 약제를 잘 아는 스타일리스트가 되어 손상이 적은 퍼머를 하자!

열처리 ▼ 단백질 열변성

모발에 열을 많이 가하면 단백질의 열변성이 과도하게 일어난다. 가열기구의 설정 온도가 높거나 가열 시간을 초과하는 것, 열처리 시에 모발이 젖어 있거나 중간 헹굼이 불충분하여 알칼리가 잔류되어 있는 상태에서 가온하는 시술이 손상의 요인이 된다.

중간 헹굼 ▼ 1제 제거 부족

중간 헹굼에서 1제를 제대로 헹궈 내지 않으면 2제의 산화작용이 제대로 기능하지 않는다. (1제의 작용이 멈추지 않는다)

와인딩 ▼ 텐션을 많이 걸었다

모발에 불필요한 변형이 생겨 큐티클과 콜텍스가 손상된다.

<시스테인산에 관해서>

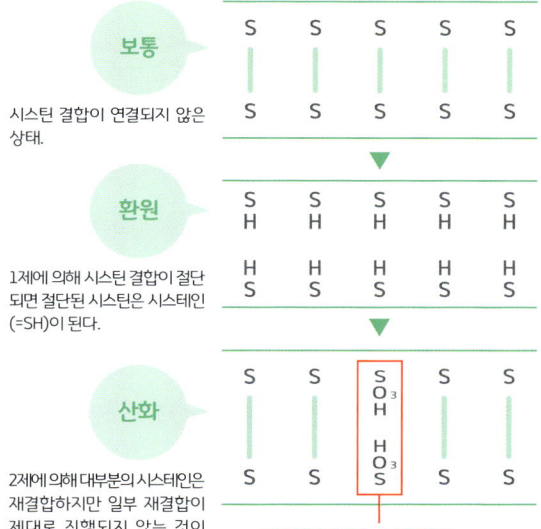

2제 ▼ 작용부족·과잉작용

작용 부족에 의해 시스틴 결합이 충분히 재결합되지 않으면 시스테인산(※왼쪽 그림 참조)이 모발 내부에 생기고 손상으로 이어진다. 반대로 산화가 많이 되어도 모발 단백질이 파괴되기도 한다. 특히 작용 부족은 아래와 같은 원인으로 발생한다.

- 방치 시간의 부족
- 2제 도포량 부족
- 중간 헹굼 불충분

1제 ▼ 과잉작용

1제가 과잉 작용을 일으키면 필요 이상으로 시스틴결합을 많이 자르거나 알칼리에 의해 과도하게 팽윤되어 모발 성분을 유출시킨다. 과잉 작용은 아래와 같은 원인으로 발생한다.

- 손상 레벨보다 지나치게 강한 약제 선정
- 1제 도포량 과잉
- 처리제의 부적절한 사용
- 중간 헹굼 불충분

POINT 2 보호용 트리트먼트의 목적

퍼머 시술 시에 보호용 트리트먼트를 이용하는 목적은 주로 아래 3가지.

① 손상 레벨에 따라 퍼머용 제품의 과잉반응을 방지한다.
② 복잡하게 손상된 모발에 퍼머용 제품을 균일하게 작용시킨다.
③ 손상 진행을 막는다.

손상이 심한 경우에는 ①~③에 모발 작용 부위를 보강하기 위한 트리트먼트를 사용한다. 또 아이롱 스트레이트의 경우에는 아이롱의 열로부터 모발을 보호하는 트리트먼트를 사용하기도 한다.

<보호용 트리트먼트의 대표 예>

● 플렉스계열
모발내부 구조와 결합하는 성분으로 손상된 모발구조를 보강, 탄력과 부드러움을 만든다. 또, 형태를 보강해서 컬의 형태를 또렷하게 만든다.

● PPT 종류
모발에서 유출되는 단백질을 보호, 1제의 과도한 침투를 방지하고 컬의 형성을 확실히 한다.

● 세라마이드
퍼머액의 알칼리 성분의 작용으로 유실되기 쉬운 유분을 보충하고 모발 내부 성분의 접착성을 높인다.

● NMF
손상을 받은 모발의 수분 보수력을 개선하고 촉촉하게 한다.

● 정착제
셀룰로스와 실리콘으로 대표되는 고분자화합물. PPT 종류 등을 모발 내부에 정착시키고 손상된 큐티클을 유사 피막으로 보호, 1제의 과도한 침투를 방지하는 기능을 한다.

제7장은 퍼머에 도움이 되는 모발과학을 배웠습니다. 시스틴 결합을 절단하고, 재결합시키는 것이 퍼머의 기본인 점은 변하지 않습니다. 다만, 시스틴 결합에는 여러 종류가 있고, 그 종류에 적합한 환원제가 있는 등 퍼머의 이론은 계속해서 진화하고 있습니다. 꼭, 최신 퍼머 이론을 마스터합시다.

제7장 모발과학 마스터로의 길 복습 테스트

아래의 2가지 질문에 관해서 각각 답해주세요.

● 알칼리브롬과 산성브롬에서는 어느 쪽이 모발 내부까지 침투하기 쉬운가요?

● 크리프를 하면 모발 내의 어느 구성 성분이 스트레스 없는 부분으로 엇갈립니다. 이 엇갈리는구성 요소는?

고객이 물으면 이렇게 대답하자!
【제7장 살롱워크 에서 사용할 수 있는 스탠바이 코멘트집】

Q. 퍼머용 제품의 성분은 무엇?

퍼머에 사용하는 제품에는 2종류가 있는데, 먼저 바르는 것을 「1제」 뒤에 바르는 것을 「2제」라고 합니다. 이것들을 순서대로 사용하면 퍼머가 됩니다.
1제는 모발을 팽윤시키기 위한 알칼리제와 모발을 부드럽게 하기 위해 「환원 작용」이 있는 성분이 들어 있습니다. 1제를 바르면 모발이 흐물흐물해지고 그 상태에서 롯드를 모발에 감습니다. 그다음으로 2제를 도포하는데 2제에는 모발을 굳히는 「산화작용」이 있는 성분이 들어 있어 흐물흐물하던 모발이 단단해져 롯드의 형태로 컬이 생기는 것입니다.

Q. 퍼머의 약제를 물로 씻어내는 것은 무엇 때문일까?

모발에서 퍼머 약제를 씻어내는 것을 중간 헹굼이라고 합니다. 중간 헹굼을 함으로써 퍼머에 의한 손상을 억제하거나, 퍼머의 냄새를 줄일 수 있습니다.

Q. 핫계열 퍼머란 무엇?

핫계열 퍼머는 일반적인 퍼머에 열을 가하는 퍼머입니다. 곱슬머리 스타일의 컬을 만들거나 모발이 건조한 상태에서 컬이 잘 형성되고 오래 유지됩니다.

제8장

고객의 고민을 해결하기 위한

스트레이트와 머릿결 개선의 구조를 파악한다

곱슬에 의해 모발이 구불거린다 컨트롤이 어렵다……라는 고민을 품고 있는 고객이 많습니다. 이러한 고민에 접근하는 방법은 다양하지만, 제8장에서는 그중에서도 특히 많이 이용되는 「스트레이트」와 「질감 개선」의 모발과학에 관해서 배워 보겠습니다.

스트레이트와 머릿결 개선의 모발과학

살롱워크 측면에서 배우는 제8장의 주제들

살롱워크에서 고객과 대화할 때 발생하는 다양한 질문을 모발과학의 관점에서 해결하겠습니다.
제8장은 스타일링제에 관한 지식을 배워보겠습니다.

STEP.3 ⇩ p.138로

머릿결 개선이란 무엇일까?

대표적인 머릿결 개선 메뉴를 파악해 보자.

곱슬머리가 어떻게 펴질까?

STEP.1 ⇩ p.132로

스트레이트로 곱슬이 펴지는 구조를 배워보자.

손상에는 어떻게 대응할까?

STEP.2 ⇩ p.135로

모발의 상태에 적합한 제품의 사용 방법을 알아보자.

[준비체조] 제8장 스트레칭
곱슬모 어프로치

일반적으로 동양인의 약 80%는 곱슬머리라고 알려져 있습니다.
곱슬의 정도는 다양하지만 대부분의 고객에게 있어 「다루기 어렵다」, 「윤기가 없다」
「질감이 나쁘다」 「스타일을 만들기 어렵다」등이 주요 고민입니다. 커트로 다루기 쉽게 한다 곱슬을
살리는 스타일로 한다 등 대처법은 다양하게 있지만, 여기에서는 스트레이트 시술이나 머릿결
개선과 같은 메뉴를 통한 곱슬머리 접근법에 대해 배워 보겠습니다.

Q. 자신의 모발 상태가 좋다고 느껴진 적이 있나?

곱슬 있음 : NO 52.3%
곱슬 없음 : NO 28.5%

출처: Lebel 헤어케어 조사 2017(n=482)

곱슬모의 경우 「모발 상태가 좋다」라고 느끼는 사람이 직모인 사람의 절반밖에 없구나!

스트레이트

환원·산화 및 아이롱 조작으로 곱슬, 구불거림을 편다. 환원에 의한 모발의 S-S 결합을 자르는 메커니즘으로 원래 곱슬 교정의 효과가 가장 높은 메뉴.
혼합 손상이 증가한 최근, 모발에 대한 부담을 억제한 산성 스트레이트가 주목받고 있다.

머릿결 개선

「이것을 사용하면 머릿결 개선」과 같은 명확한 정의는 없고 촉감이나 외형을 깨끗하게 하며, 고객의 고민을 해소하려고 하는 기술과 메뉴를 통틀어 「모발개선」이라고 부른다. 일반적으로는, 스트레이트와 같이 모발이 가지고 있는 결합을 끊는 작용은 없기 때문에 강한 곱슬을 확실하게 펴는 효과는 없지만 새로운 결합을 모발 내부에서 만드는 등, 어느 정도 모발의 형태에 접근해서 곱슬과 구불거림을 다루기 쉽게 해서 윤기 있는 질감의 지속성을 높이는 것이 주류가 되고 있다.
위와 같이 명확한 정의는 없기 때문에 다양한 메커니즘의 제품이 존재하고 있지만 아래의 제품이 주요 제품이다.

산열 트리트먼트

산과 아이롱 블로우의 열로 모발 내부에 결합을 만들고 윤기, 탄력을 만들면서 구불거림과 퍼짐을 억제하며 다루기 쉽게 만든다. 결합과 산소에 의한 수렴 효과로 탄력을 주기 위해서, 특별히 에이징모 등 약해지고 부드러워진 모발과 잘 어울린다.

반응형 트리트먼트

· 플렉스계열 · 수소트리트먼트
· 활성케라틴 등

화학적인 반응을 이용해서 모발 내부에 새로운 결합을 만들어 곱슬을 완화시킨다. 케어 성분의 정착을 높이고 윤기와 질감을 지속시켜주는 등 모발 개선 효과가 높은 트리트먼트 다른 메뉴와 비교해서 곱슬에 효과가 완만한 만큼 실패나 손상의 리스크도 낮다.

「머릿결 개선」이라는 단어 자체는 옛날부터 사용되어 왔지만 2018년쯤 TV 채널에서 소개되고 일반 고객에게도 폭발적으로 이단어가 침투되었다고 생각합니다. 그전부터 등장한 산열트리트먼트의 확산과 맞물려 곱슬과 구불거림을 제거하고 머릿결 개선을 목적으로 한 메뉴가 보급되기 시작했습니다.

각 메뉴의 특징을 이해하고, 때로는 조합해 봄으로써 개개인에게 맞는 고민 해결 메뉴를 만드는 것이 중요하다.

스트레이트 메커니즘

스트레이트는 어떻게 곱슬이 펴질까?

우선은 스트레이트 시술로 곱슬이 펴지는 구조를 배워 보겠습니다.
종류와 특징에 관해서도 확실하게 파악해 둡시다.

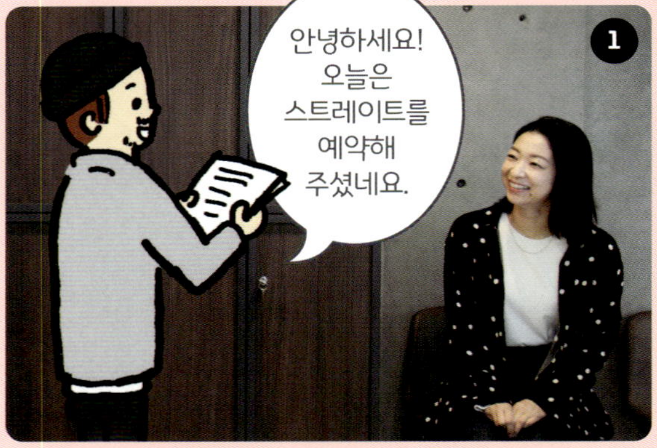

1
안녕하세요! 오늘은 스트레이트를 예약해 주셨네요.

정기적으로 스트레이트 시술을 하는 고객이 방문.

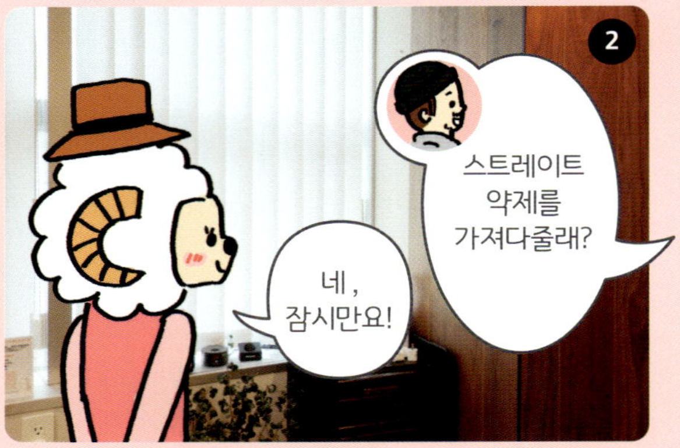

2
스트레이트 약제를 가져다줄래?
네, 잠시만요!

선배에게 의약외품의 스트레이트 약제를 가져오라는 지시를 받은 메리씨.

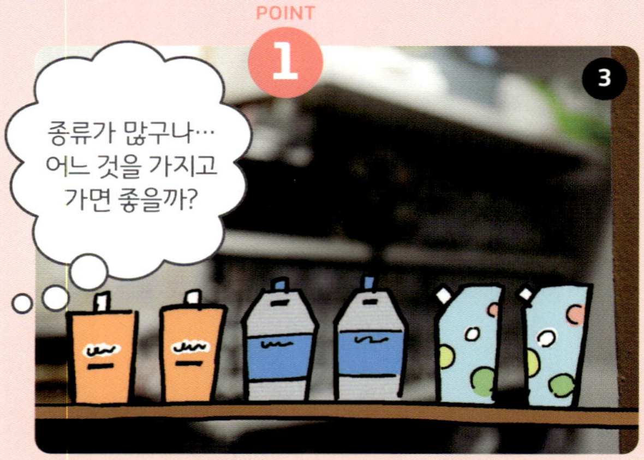

3 POINT 1
종류가 많구나… 어느 것을 가지고 가면 좋을까?

약제실에 진열된 여러 가지 스트레이트 약제에, 메리는 약간 곤란한 느낌.

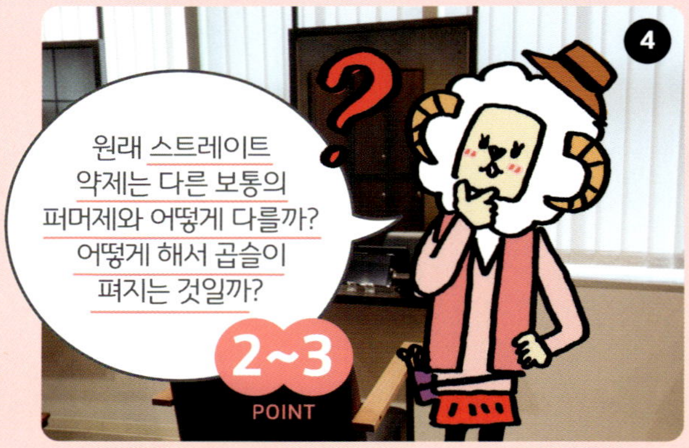

4
원래 스트레이트 약제는 다른 보통의 퍼머제와 어떻게 다를까? 어떻게 해서 곱슬이 펴지는 것일까?

2~3 POINT

스트레이트가 메리씨의 호기심을 자극하였다.

⬇

이럴 때 알아 두면 좋은 지식은 이것!

 스트레이트용 제품의 종류

 곱슬이 펴지는 구조

POINT 3 스트레이트용 제품의 특징

스트레이트용 제품의 종류

퍼머용 제품(제7장 참조)과 마찬가지로 스트레이트용 제품에도 의약외품인 「축모교정제」와, 화장품인 스트레이트료」가 있다.

의약외품은 환원 작용이 있는 성분의 배합 농도를 높일 수 있기 때문에 화장품보다도 곱슬을 펴는 힘이 강한 경향이 있다. 화장품은 의약외품과 비교해서 규제가 완화되어 있기 때문에 새로운 환원성과 모발 모호 성분을 적극적으로 배합한, 특징있는 제품이 많이 만들어지고 있다. 실제의 제품이 어떤 모발·곱슬에 대응하고 어떤 특징이 있는지, 각 메이커에서 알려준 정보를 확인하고 적합한 것을 사용하자.

곱슬이 펴지는 구조

스트레이트로 곱슬을 펴는 구조는 기본적으로 퍼머로 컬을 만드는 구조와 같다(115 페이지 참조). 모발의 수소결합, 시스틴 결합, 염결합을 재조합하여 구부러진 모발의 형태를 곧게 바꾼다.

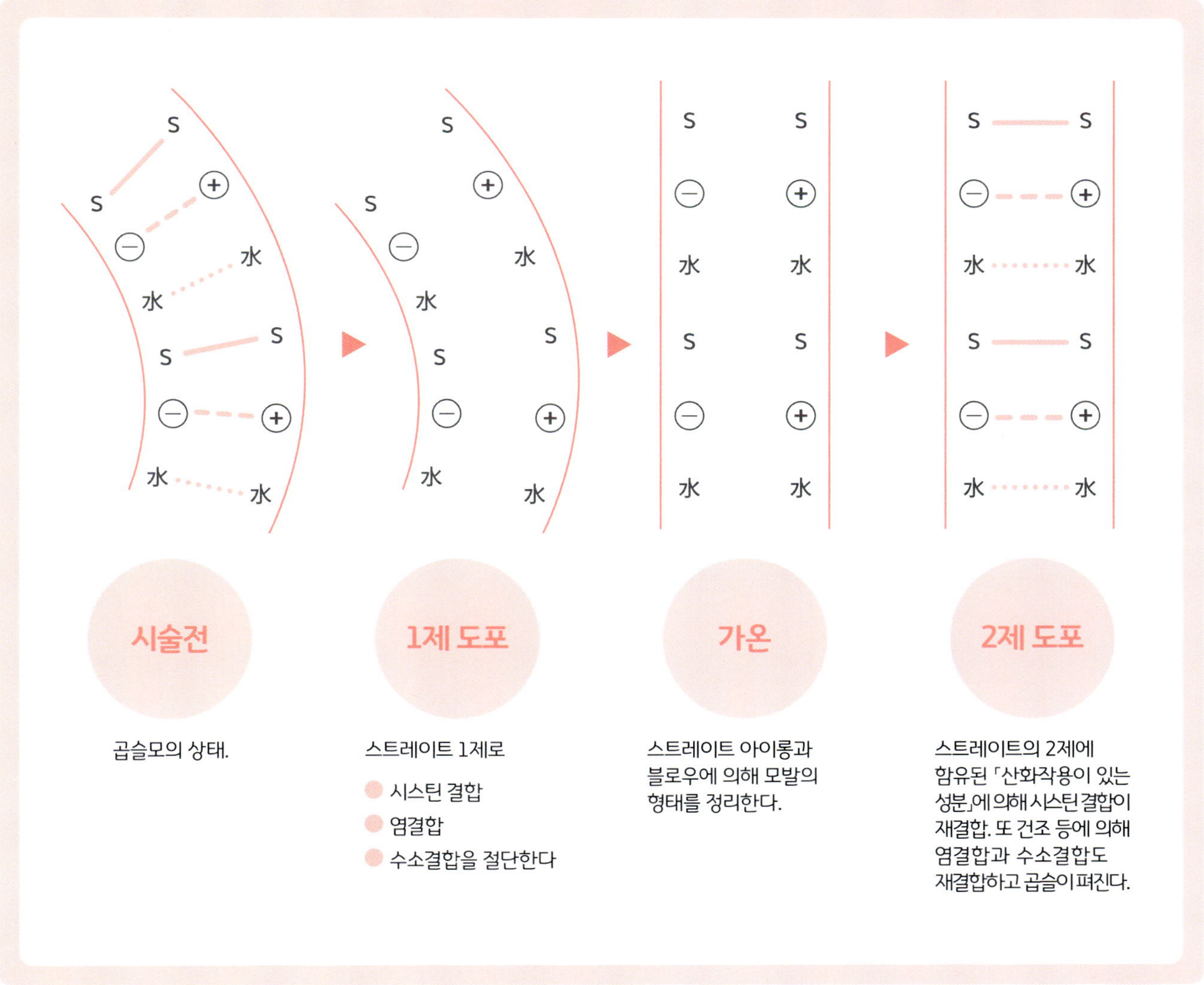

시술전
곱슬모의 상태.

1제 도포
스트레이트 1제로
- 시스틴 결합
- 염결합
- 수소결합을 절단한다

가온
스트레이트 아이롱과 블로우에 의해 모발의 형태를 정리한다.

2제 도포
스트레이트의 2제에 함유된 「산화작용이 있는 성분」에 의해 시스틴결합이 재결합. 또 건조 등에 의해 염결합과 수소결합도 재결합하고 곱슬이 펴진다.

POINT 3 **스트레이트용 제품의 특징**

전 페이지에 본 것처럼 스트레이트로 곱슬을 펴는 구조는 기본적으로 퍼머로 컬을 만드는 구조와 같다. 크게 다른 것은 제형이다. 퍼머용 제품의 대부분이 액체인 것에 비해 스트레이트용 제품은 크림 형태. 이것은 곱슬로 부풀거나 고르게 되지 않는 모발에 얼룩 없이 도포하기 위한 방법이다. 스트레이트용 제품은 모발을 크림으로 감싸듯이 도포할 수 있기 때문에, 도포시 얼룩을 방지할 수 있다. 한편, 퍼머용 제품은 액체이기 때문에 와인딩을 했을 때 두터운 모발에 스며들게 할 수 있어 도포 얼룩을 방지한다.

웨이브제(컬링료)

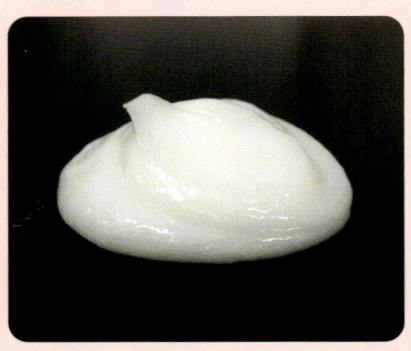
스트레이트제

제형의 차이

스트레이트 시술에 적합한 것은 어떤 사람?

- 어쨌든 곱슬을 펴고 싶다!
- 곱슬이 강하다
- 모발이 별로 상하지 않았다

스트레이트는 다른 머릿결 개선 메뉴와 비교해서 모발에 대한 작용이 강하고 곱슬을 가장 잘 펼 수 있는 메뉴. 따라서 「어쨌든 곱슬을 펴고 싶다」라는 사람이나 모발이 튼튼하고 다른 머릿결 개선 메뉴에서 효과가 나오지 않는 사람에게 추천. 단, 앞서 언급한 대로 모발에 대한 작용이 크기 때문에, 모발이 건강한 상태, 즉 별로 손상되지 않은 상태여야 한다는 것이 시술의 조건. 손상이 눈에 띄지만 스트레이트를 시술하고 싶다……라는 경우는, 모발에 부담을 억제한 중성·산성 스트레이트제의 사용과 최근 복잡한 시술 이력에 대응하기 위해서 계속해서 개발되고 있는 신기술·신제품(137 페이지 참조)을 검토하자.

스트레이트 시술 실천

모발의 상태에 적합한 스트레이트용 제품의 사용 방법은?

고객의 모발 상태는 다양합니다. 콤플렉스를 해소하고, 멋진 헤어스타일을
지속적으로 즐기려면 그때마다 최적의 제품을 선택하고 올바르게 사용하는 것이 중요합니다.

이럴 때 알아 두면 좋은 지식은 이것!

POINT 1 스트레이트용 제품만의 사용법

POINT 2 복잡한 손상 이력에 대응하기 위해서는?

POINT 1 스트레이트용 제품만의 사용법

크림 형태의 제형이기 때문에 할 수 있는 사용법이 있다는 것도, 스트레이트의 중요한 포인트. 특히 액체로는 어려운 「도포」를 할 수 있는 장점은 크다. 곱슬모에 고민하는 고객이 지속적으로 스트레이트를 이용할 수 있도록 이러한 테크닉을 적극적으로 활용하자.

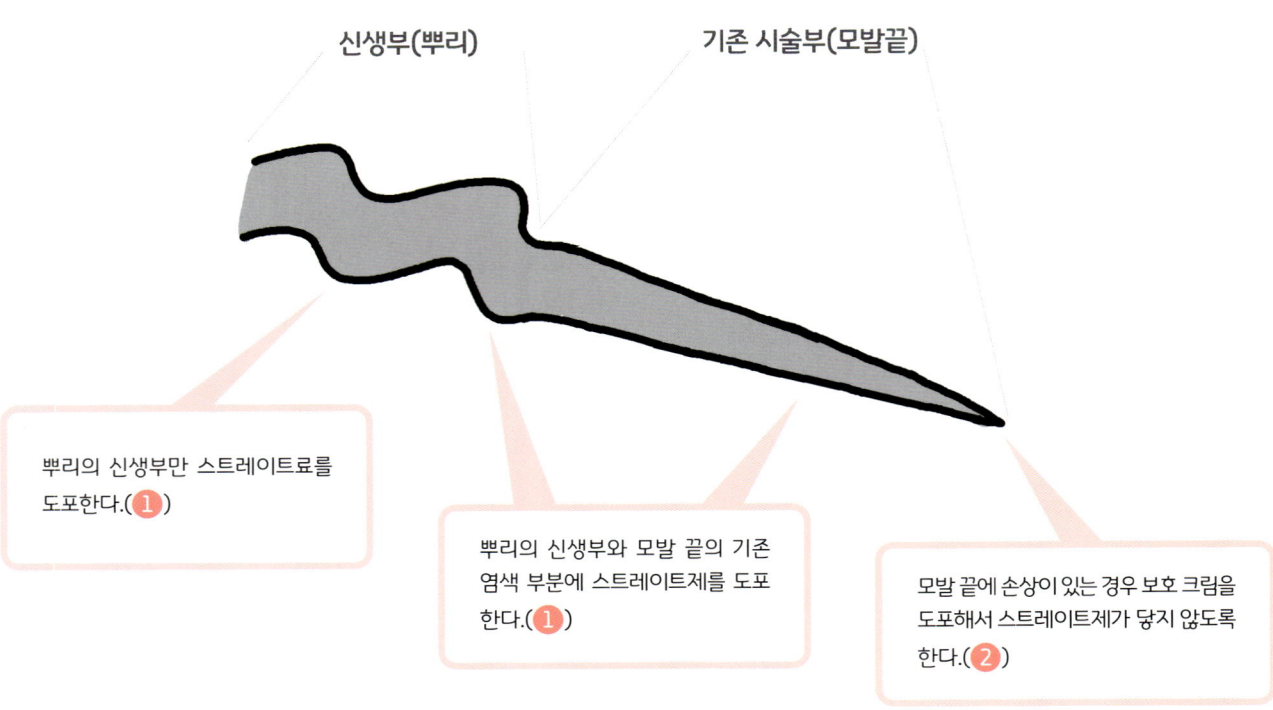

- 뿌리의 신생부만 스트레이트료를 도포한다.(1)
- 뿌리의 신생부와 모발 끝의 기존 염색 부분에 스트레이트제를 도포한다.(1)
- 모발 끝에 손상이 있는 경우 보호 크림을 도포해서 스트레이트제가 닿지 않도록 한다.(2)

1 도포

곱슬이 있는 뿌리에만 도포하거나 곱슬의 정도에 따라 부분적으로 도포하는 제품을 바꾸거나 하여 시술한다. 특히 스트레이트를 지속적으로 이용하는 고객의 경우, 뿌리의 신생부에만 곱슬이 있고 모발 끝에는 곱슬이 없는 상태이기 때문에 이러한 도포 시술은 필수이다.

2 보호 크림

손상된 모발 끝 등은 1제가 닿지 않도록, 보호 목적으로 사용한다 뿌리의 건강한 곱슬모에 대처하기 위해서 환원력이 높은 제품을 사용하면 모발 끝은 그 힘을 견딜 수 없을지도 모른다. 손상이 있는 경우에는 1제 도포 전에 보호 크림으로 확실하게 커버해 두는 것이 중요하다.

POINT 2 복잡한 손상 이력에 대응하기 위해서는?

헤어컬러와 퍼머 등을 일상에서 즐기는 고객이 늘어난 요즘, 손상 축적 등 모발의 상태도 더 복잡해졌다. 스트레이트는 손상이 적은 모발에 시술하는 것이 규칙이지만 약해진 모발에도 스트레이트 시술을 하고 싶은 니즈에 부응하기 위해 최근 다양한 제품이 개발되고 있다 여기에서는 그중에서 대표적인 제품을 소개한다 고객의 소망을 최대한 이루기 위해 정보는 항상 업데이트하자.

저알칼리 타입

저알칼리 타입이란 알칼리제의 배합 농도가 억제된 것. 알칼리제의 농도가 높으면 환원 성분의 작용은 강해지지만, 모발에 대한 부담도 늘어나게 된다. 그래서 알칼리제의 배합 농도를 낮춤으로써 부담을 줄인 제품이 등장. 단, 대응할 수 있는 곱슬의 세기에는 한계가 있다.

중성·산성 타입

대부분이 환원 성분은 알칼리성 작용이 강해지기 때문에, 일반적으로 스트레이트용 제품의 pH는 알칼리성으로 조정되고 있다. 그러나, 알칼리성 제품은 환원작용이 강한 것과 모발의 팽윤을 동반하므로 손상된 모발에는 부담이 크다. 그래서 pH를 중성과 산성으로 설정하여 모발에 대한 부담을 억제해서 사용할 수 있는 제품이 등장했다. 단 그중에는 산성에서도 환원 작용이 강한 성분도 있으므로 제품의 정보를 충분히 확인하자.

새로운 환원 성분

새로운 성분을 찾아내고 만들어내는 과학은 항상 진화하고 있다. 과거에는 주로 치오글리콜산과 시스테인 2종류로 만들어진 스트레이트 제품이지만, 화장품 분류로 널리 사용할 수 있는 시스테아민, 산성에서도 사용할 수 있는 GMT, 중성에서도 사용할 수 있는 치오글리콜산 시스테아민 등 새로운 환원 성분이 활용되고 있다.

손상케어 기술

환원 산화작용과 열을 이용한 손상 케어를 할 수 있는 기술을 탑재한 제품이 개발되고 있다.

- 열반응 케어 성분 : 스트레이트 시술에 필요한 아이롱과 드라이어 등 열로부터 모발을 지키는 기술. 열을 활용하거나 열에 대한 내성을 향상시키거나 하는 다양한 기술이 등장하고 있다.
- PLEX(플렉스) 성분 : 제6장에서 소개 한 플렉스 성분이 스트레이트용 제품으로도 활용되고 있다. 손상 보수뿐 아니라 형태 유지에도 효과를 발휘하기 때문에 곱슬이 되돌아가는 것을 억제할 수 있다.

CHECK! 외워두자

우선은 모발의 상태를 확실히 파악하고 고객의 요구를 근거로 하면서 모발의 건강을 지키는 최선의 제안을 명심하자. 결코 무리하지 말 것!

머릿결 개선 메뉴의 종류

머릿결 개선은 어떤 것이 있을까?

스트레이트보다 모발에 대한 작용이 완만한 머릿결 개선 메뉴.
여기에서는 대표적인 것을 소개하겠습니다.

이럴 때 알아 두면 좋은 지식은 이것!

POINT 1 산열 트리트먼트란 무엇?

POINT 2 반응형 트리트먼트란 무엇?

POINT 1 산열 트리트먼트란 무엇?

산열 트리트먼트는 특수한 산과 열의 힘으로 모발 내부에 새로운 결합을 만들어내는 기술이다. 곱슬을 완화시켜 주고 퍼지거나 구불거리는 모발을 잡아 주어 다루기 쉽게 한다 일반 트리트먼트에 비해 pH가 낮고 고온의 아이롱 시술이 필요한 것이 특징이다.

산열 트리트먼트는 열을 제대로 가해야하기 때문에 아이롱 조작의 기술이 필수. 강한 곱슬을 펼 수 없기 때문에 스트레이트 시술도 관심을 갖고 고객에게 제안하는 것이 중요합니다.

반응형 트리트먼트는 오른쪽에 소개한 타입 이외에도 플렉스를 진화시켜 형상에 대한 효과를 향상시키거나 고기능 성분을 조합한 것 등 다양한 제품이 등장하고 있어!

POINT 2 반응형 트리트먼트란 무엇?

반응형 트리트먼트란 화학적인 반응을 이용하고, 모발 내에 새로운 결합을 만들어 내는 등 곱슬을 완화시키는 기술. 아래가 대표적인 것.

플렉스계열
…블리치 등에 의해 열리는(절단된다) S-S결합을 플렉스 성분을 보충함으로써 손상을 억제하고 모발을 보강한다(상세는 100 페이지 참조).

수소 트리트먼트
…수소와 아이롱의 열을 이용함으로써 퍼머와 컬러 시술 후 잔류된 과산화수소를 제거하고, 모발의 수분량을 증가 시킨다. 항산화 작용에 의한 두피의 에이징 케어에도 좋다.

활성 케라틴
…활성 케라틴과 모발 내의 시스테인 잔기가 산화 공정을 거쳐 결합하고 모발의 강도를 상승시킨다.

주요 머릿결 개선 관련 메뉴 (스트레이트 시술·트리트먼트 함유)

	분류 ※1	주요 반응 성분	곱슬을 억제하는 효과
스트레이트	외약외품	[유효성분] 치오글리콜산, 시스테인	★★★★★ ※2
스트레이트	화장품	치오글리콜산, 시스테인, 시스테아민, 치오글리세린 등	★★★★★ ※2
산열 트리트먼트	화장품	글리옥실산, 글리옥실산유도체, 글리콜산, 레블린산 등	★★★★
플렉스계열	화장품	말레인산, 말레인산유도체, 주석산, 사과산, 호박산 등	★★★
수소트리트먼트	화장품	수소화Mg 등	★★★
활성케라틴	화장품	가수분해케라틴 등 ※3	★★★
시스템 트리트먼트	화장품	CMC, NMF, PPT, 식물추출오일, 실리콘 등	★★
트리트먼트	화장품	CMC, NMF, PPT, 식물추출오일, 실리콘 등	★

※1 곱슬의 효과는 제품에 따라 다르다. ※2 제품에 따라 힘 설정은 다르다. ※3 특수한 처리에 의해 반응성이 있다.

제8장은 스트레이트 시술과 대표적인 모발 개선 메뉴에 관해서 배워 보았습니다. 단순히 곱슬모라고 해도 개개인의 고민이나 머릿결은 다르기 때문에 고객의 모발상태를 제대로 이해한 후 적절한 메뉴를 제공하는 것이 중요합니다. 각각의 특징을 이해하고 살롱 워크에 활용하세요.

제8장 모발과학 마스터로의 길
복습 테스트

아래의 2가지 질문에 관해서, 각각 답해주세요.

● 알칼리성 스트레이트와 비교해서, 산성 스트레이트는 어떤 장점이 있을까요?

● 산열 트리트먼트의 주요 성분은?

고객이 물으면 이렇게 대답하자!
[제8장 살롱워크에서 사용할 수 있는 스탠바이 코멘트집]

Q. 곱슬을 펴고 싶은데 무엇이 좋아?

스트레이트는 모발이 단단하고 강한 곱슬을 교정하고 싶은 경우에 적합합니다. 그리고, 머릿결 개선 메뉴로서 산열 트리트먼트와 반응형 트리트먼트가 있습니다. 산열 트리트먼트는 퍼지거나 구불거리는 곱슬을 가라앉혀 다루기 쉽게 하는 경우와 모발에 윤기, 탄력을 원하는 경우에 추천합니다. 반응형 트리트먼트는 그다지 곱슬이 강하지 않고 트리트먼트 효과를 지속시키고 싶은 분이나 손상을 피하고 싶은 분에게 적합합니다.

Q. 스트레이트 모발은 상하지 않나요

물론 모발의 손상은 제로는 아니지만 손상을 억제하는 것은 가능합니다. 최근에 손상의 요인이 되는 알칼리 배합 농도를 낮게 한 제품과 손상이 큰 알칼리성 pH가 아닌, 중성과 산성 영역의 제품이 등장하고 있습니다. 또 아이롱과 드라이어에 의한 열 손상으로 모발을 보호하는 손상 케어 기술을 탑재한 제품도 존재합니다. 이러한 제품을 이용함으로써 스트레이트로 인한 모발 손상을 억제할 수 있습니다.

Q. 머릿결 개선은 반복적으로 해야 할까?

산열 트리트먼트와 반응형 트리트먼트는 화학적 반응이 비교적 완만하기 때문에 반복함으로써 모발 내의 결합과 가교가 더욱 견고해져 모발 개선 효과를 높일 수 있습니다. 단 산열 트리트먼트의 경우 머릿결에 따라 반복 사용으로 모발이 단단해질 수 있으므로 모발의 상태를 확인하면서 사용하는 것이 좋습니다.

● 알칼리성 스트레이트보다 손상이 적은 산성 스트레이트를 사용할 수 있다.
● 글리옥실산, 글리옥실산카르복시산 유도체 등

제9장

원하는 이미지의
헤어 디자인으로 마무리하기 위한
스타일링제의 활용

커트와 헤어컬러, 퍼머 등의 시술을 정확하게 해도 스타일링제의 선택을 실수하면 원하는 이미지의 헤어 디자인으로 마무리할 수 없습니다. 그래서 제9장에서는 다양한 스타일링제가 모발에 각각 어떠한 영향을 주는지 배워보겠습니다.

스타일링제의 모발과학

살롱워크 측면에서 배우는 제9장의 주제들

살롱워크에서 고객과 대화할 때 발생하는 다양한 질문을 모발과학의 관점에서 해결하겠습니다.
제8장은 스타일링제에 관한 지식을 배워보겠습니다.

STEP.1 ⇩ p.144로 — 스타일링제를 사용하는 목적은?

헤어디자인에 따른 스타일링제의 역할을 알아보자.

STEP.2 ⇩ p.146으로 — 세트 성분과 그 특징은?

모발을 고정하는 기능을 가진 성분에 관해서 알아보자.

STEP.3 ⇩ p.150으로 — 모발의 상태에 맞춘 선택은?

손상모와 헤어컬러모에 적합한 스타일링제를 알아보자.

STEP.4 ⇩ p.152로 — 케어할 수 있는 스타일링제란?

모발에 촉촉한 윤기를 주면서 뻣뻣하지 않은 타입의 스타일링제에 관해서 알아보자.

[준비체조] 제9장 스트레칭

헤어 디자인과 함께 진화! 스타일링제의 역사

스타일링제의 과학을 배우기 전에 우선은 준비체조! 여기에서는 헤어 디자인의 유행에 따라 진화해온 스타일링제의 역사부터 모발과학의 문을 열어 봅시다.

유행하는 스타일과 스타일링제의 관계

연대별로 유행한 헤어 디자인 기술과 스타일링제 종류와의 관계를 아래에 정리. 좋아하는 스타일링제의 타입(제형)은 그 시대에 유행하는 헤어 디자인과 기술의 동향에 따라 변화해 온 것을 알 수 있다.

스타일링제	유행하는 헤어 디자인·인기술동향		연대
윤기 만드는 스프레이 트리트먼트 무스	시저즈 커트 울프 커트 머쉬룸 커트	컷트&블로우 시대	1970
블로우 로션 딥 로션	사순 컷트 / 레이어드 헤어 서퍼 커트 모즈 스타일	↓	1975
스타일링 무스	테크노 커트 앞머리 업 스타일		1980
젤 / 미스트 웨트 글리스 / 스타일링 로션	소바쥬 (업스타일에서 야성미를 살린 스타일)	컷트& 퍼머·세트 시대	1985
웨트 무스	원랭스	↓	1990
화이버 왁스	레이어 / 뉘앙스 퍼머 / 샤기 / 컬 스타일 / 아이롱스트레이트 / 무겁고 가벼운	커트 시대	1995
무스 왁스		↓	
크림 왁스	아이롱 스타일링 머쉬보브 / 투블럭	↓	2005
세트 스프레이 스프레이 왁스 글리스	아이롱 스타일링 머쉬보브 / 투블럭	커트&컬러 시대	2010
밤	느슨한 웨이브 헤어 / 빗어올린 앞머리	↓	2015
오일	시스루 뱅 / 에어리 보브		
	「다발감」「숏아냄」「젖은머리」 등이 키워드. 개성을 살린 스타일도 인기. 「ㅇㅇ계열」이라는 카테고리의 다양한 가치관을 즐기는 경향이 있다.	현대	2020

다양한 스타일링제

스타일링제는 무엇?

스타일링제는 피니쉬워크시에 빼놓을 수 없는 아이템이라고 할 수 있습니다.
그럼 헤어 디자인을 한 후에 스타일링제가 하는 역할은 무엇일까?

이럴 때 알아 두면 좋은 지식은 이것!

POINT 1 스타일링제의 역할

POINT 2 스타일링제의 종류

POINT 1 스타일링제의 역할

스타일링제는 마무리제·헤어 드레싱제라고도 불리고 커트와 퍼머, 헤어컬러로 만들어진 「베이스 스타일을」 「헤어 디자인」으로 마무리하기 위해 준비된 아이템(제품). 즉, 스타일링제의 역할은 모발의 움직임과 질감을 컨트롤하는 것이라고 할 수 있다. 최근에는, 이러한 기능 외 모발의 손상을 보수하는 헤어케어적인 역할을 추가시킨 것도 많이 유행하고 있다.

베이스 스타일 + 스타일링제 = 헤어 디자인

POINT 2 스타일링제의 종류

스타일링제의 제형(가공된 형태)에 착안하면 크게 아래와 같다.

- 미스트
- 글리스
- 밤
- 왁스
- 헤어크림
- 밀크
- 스프레이
- 오일
- 폼
- 로션
- 젤

이 외에 스틱, 리퀴드, 포마드 등도 있다

퍼머제와 헤어컬러제와는 비교할 수 없을 정도로 다양해요.

베이스 스타일의 퀄리티가 높아도 스타일링이 좋지 않으면 좋은 헤어 디자인이 되지 않아요.

CHECK! 외워두자

스타일링제는 베이스 스타일을 「디자인」으로 승화시키기 위해서 꼭 필요하다.

세트 성분과 제형의 특징

스타일링제마다 모발을 고정하는 세트 성분이 다르다?

여기에서는 세트 성분과 제형의 차이가 헤어 디자인에 주는 영향의 차이를 배워보겠습니다.
뒷받침되는 지식으로 스타일링제를 선택합시다.

이럴 때 알아 두면 좋은 지식은 이것!

POINT 1 세트 성분과 마무리 느낌의 차이

POINT 2 제형에 따른 특징

POINT 1 세트 성분과 마무리 느낌의 차이

스타일링제에 함유된 세트 성분(=모발의 움직임과 질감을 컨트롤하는 성분)은 주로
① 세트 폴리머 ② 고체형 유분 ③ 액상 유분 3종류로 나눌 수 있다.

① 세트 폴리머란 인공적으로 만들어진 합성수지로 세트력이 강하다.
② 고체형 유분이란, 상온에서도 고형을 유지하는 성분으로 세트력이 강하다.
③ 액상 유분은 상온에서 액체가 되는 유분으로 세트력이 약하다.

특징	부착상태	대표적인 형태	종류
합성수지 막으로 모발을 서로 접착한다. 완성된 스타일을 고정하는 것이 주목적이다. 홀드 기능은 높지만, 한번 브러시를 통과시켜 형태를 흩뜨리면 다시 만들기 어렵다.		젤 로션 스프레이 (고정하는 타입) 미스트 (고정하는 타입)	**세트 폴리머** 합성수지
고체형 유분이 모발을 서로 군데군데 점의 형태로 부착시킨다. 부착되어 있지 않은 부분은 고정되지 않고 움직인다. 점으로 고정되면 전체적으로 모발이 서로 붙지 않고 움직이면서 스타일링을 할 수 있고 스타일을 한 번 흩뜨려도 다시 만들기 쉽다. 다만, 과잉으로 도포하면 끈적인다.		왁스 밤	**고체형유분** 왁스(밀랍)
액상 유분이 모발 하나하나를 코팅한다. 스타일을 유지하는 힘은 약하지만, 윤기를 만드는 기능을 한다. 모발 하나하나를 코팅하기 때문에 손빗질을 향상시킬 수 있다.		오일 헤어크림 스프레이 (윤기가 생기는 타입)	**액상유분**

셋트력 강 ↑ ↓ 약 셋트력

※여기에서 나열한 분류는 「경향」을 나타난 것. 세트 폴리머, 고체형 유분, 액상 유분을 밸런스 좋게 배합한 스타일링제는 많다. 예를 들면 고체형 유분으로 분류된 포마드에는 액상 유분도 배합되어 있다.

POINT 2 제형에 따른 특징

각각의 제형이, 모발에 주는 영향을 보다 구체적으로 확인해 보자.

스프레이 고정하는 타입
세트 폴리머를 주 세트 성분으로 하는 제형

〈스프레이 (고정하는 타입)〉
[성분]
알코올·가스·세트 폴리머

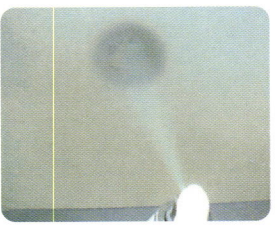

- 가스가 배합되어 있는 에어졸 제품으로, 미세한 도포량으로 안개같이 뿌릴 수 있고 모발에 얼룩 없이 뿌릴 수 있다.
- 홀드력이 강한 것이 많다.
- 휘발성이 높은 알코올 베이스로 빨리 마르고 모발을 적시지 않고 드라이한 질감으로 마무리할 수 있는 타입이 주류.

〈젤〉
[성분]
물·점증제·세트 폴리머

- 도포하면 모발이 젖을 수 있기 때문에, 타이트한 디자인으로 하거나 확실히 고정하거나 하는데 적합하다.
- 확실한 점도가 있기 때문에 필요한 부분만 도포하기 쉽다.
- 홀드력이 약한 것부터 강한 것까지 폭넓다.
- 건조가 느림. 마무리의 질감은 드라이부터 웨트까지 폭넓다.

〈미스트 (고정하는 타입)〉
[성분]
알코올·세트 폴리머

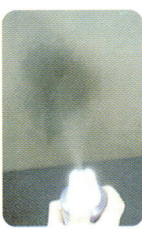

- 가스를 배합하지 않고 펌프 기구를 이용해서 미세한 방울을 만드는데 비교적 거친 반면 확실하게 부착시킬 수 있다.
- 빨리 마르고 드라이한 질감으로 마무리한다.

〈로션〉
[성분]
물·점증제·세트 폴리머

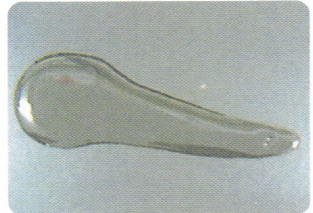

- 젤의 점도를 느슨하게 하는 타입으로 모발 전체에 잘 섞인다.
- 젤과 마찬가지로 스타일을 타이트하게 하거나 확실히 고정시키는데 적합하다.
- 건조가 약간 느림. 마무리의 질감은 드라이부터 웨트까지 폭넓다.

고체형 유분계열
고체형 유분을 주 세트 성분으로 하는 제형

〈포마드〉
[성분]
고체형유분·액상유분

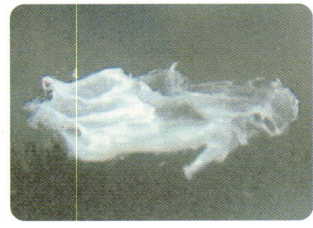

- 물이 함유되어 있지 않고 유분만으로 만들어졌기 때문에 고점성으로 젤에 가까운 제형
- 고체형이지만 손에 덜어내면 체온으로 녹아 액상이 되므로 잘 펴지고 모발과 잘 어울린다.
- 촉촉한 느낌의 윤기를 주고 스타일을 타이트하게 하거나 모발의 흐름을 컨트롤 할 수 있다.
- 도포 후에는 점성이 돌아오기 때문에 마무리가 좋다.

〈왁스〉
[성분]
물·고체형유분·액상유분·계면활성제

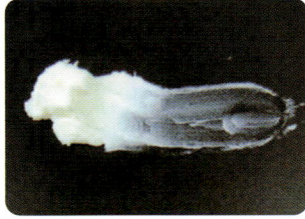

- 확실하게 고정하는 것이 아니라 고체형 유분에 따라 모발을 점으로 홀드 하면서 스타일을 만들 수 있다.
- 많이 단단하지 않은 촉감을 표현할 수 있는 반면 홀드력이 부족한 단점이 있다.
- 유분의 느낌은 있지만 가볍고 약간 웨트한 질감으로 마무리하는 경우가 많다.

CHECK! 외워두자

스타일링제의 세트 성분은 세트 폴리머·고체형 유분·액상 유분이 주류. 세트 성분마다 모발에 주는 영향은 다르다.

제형 겉모습은 닮아 보여도 성분이 다르면 기능은 달라져요!

믹스타입
세트 폴리머·고체 형유분·액상유분을 혼합 한타입

< 밤 >
[성분]
물·가스·계면활성제·세트폴리머·고체형 유분·액상유분

- 가스가 배합되어 있는 에어졸 제품으로 작고 농밀한 거품을 만들 수 있고, 원하는 부분에 바르기 쉽고 얇게 바를 수 있다.
- 홀드력은 「약간강하다~강하다」가 주류.
- 건조 속도는 「약간 빠르다~늦다」까지 폭넓다.
- 약간 웨트한 마무리가 되는 것이 많다.

< 밀크 >
[성분]
물·액상유분·고체형유분·세트 폴리머·계면활성제

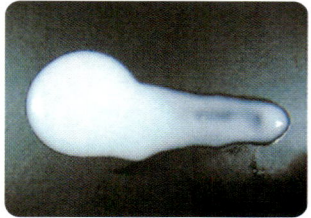

- 점성이 낮고 느슨한 유화물로 웨이브 모양의 모발에 다발감을 만드는 데 적합하다.
- 모발 전체에 잘 도포한다.

케어타입
컨디셔닝 성분을 포함한 타입

< 미스트 (컨디셔닝 타입) >
[성분]
물·컨디셔닝제

- 가스를 배합하지 않고 펌프 기구를 이용하여 안개를 만든다. 비교적 짙은 안개가 끼기 때문에 한곳에 확실하게 부착시킬 수 있다.

액상 유분 계열
액상 유분을 주 세트 성분으로 하는 제형

< 스프레이 (윤기가 생기는 타입) >
[성분]
알코올·가스 액상 유분

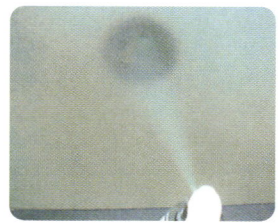

- 가스가 배합되어 있는 에어졸 제품으로 가는 미세 방울로 뿌릴 수 있다.
- 홀드력은 거의 없다.
- 휘발성이 있는 알코올 베이스로 빠르게 마르는 드라이 타입과 윤기가 강한 타입이 있다.

< 헤어 크림 >
[성분]
물·액상유분·고급 알코올·계면활성제

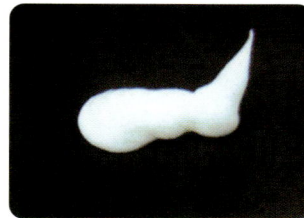

- 모발에 윤기를 주고 볼륨 조정과 가벼운 방향을 만들 수 있다.
- 기름기는 있지만 가볍고 약간 웨트한 질감으로 마무리된다.
- 최근에는 「씻어내지 않는 트리트먼트」「아웃바스트리트먼트」 종류에 포함되기도 한다.

< 오일 >
[성분]
액상유분

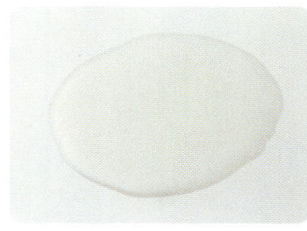

- 물이 함유되어 있지 않고 액상의 유분만으로 만들어져 있기 때문에 모발에 잘 발린다.
- 가벼운 도포감으로 끈적임 없이 마무리 가능.
- 유분의 차이에 의해 「산뜻」부터 「촉촉함」까지 폭넓은 질감이 있다.

스타일링제 선택 방법

스타일링제의 모발별 적절한 선택 방법은?

지금부터는 여러 가지 유형별로
바람직한 스타일링제 선택 법과 피해야 하는 선택법을 배워보겠습니다.

마무리 작업 전 고객과 대화. 고객의 모발은 큐티클이 손상되어 있는 것 같다.

메리에게 조언을 구하는 고객.

손상을 고려한 스타일링제 선택 등을 전혀 해본 적이 없는 메리였다.

이럴 때 알아 두면 좋은 지식은 이것!
POINT 1 머릿결에 적합한 스타일링제를 선택하자

POINT 1 머릿결에 적합한 스타일링제를 선택하자

전 페이지까지는 '원하는 헤어 디자인으로 마무리하기 위해서'라고 하는 시점에서 다양한 스타일링제의 특징을 소개했다. 지금부터는 모발의 상태에 따라 바람직한 스타일링제와 바람직하지 않은 스타일링 사용제를 대상모별로 소개한다.

<헤어 매니큐어>

바람직하다 — 색을 오래 유지하기 위해서 활성제와 알코올 배합이 적은 아이템.

바람직하지 않다 — 특별히 없음.

<손상모>

바람직하다 — 액상 유분과 컨디셔닝 성분을 포함한 스타일링제.

바람직하지 않다 — 셋트력이 한 아이템을 많이 사용하면 씻어서 없애기 위해 샴푸의 횟수가 늘어나고 모발과 두피의 부담이 증가한다.

<퍼머모>

바람직하다 — 엉킴이나 뻣뻣함이 생기는 경우에는 컨디셔닝 성분 배합의 아이템을 추천. 또 아름다운 웨이브와 윤기를 만들기 위해서 유분과 PPT 등이 배합된 아이템이 좋다.

바람직하지 않다 — 웨트하고 무겁게 마무리하고 싶은 경우에는 웨이브를 늘어지게 할 수 있다.

<헤어컬러모>

바람직하다 — 헤어컬러 시술에 의해 푸석임이 생기는 경우 액상 유분과 컨디셔닝 성분을 배합한 스타일링제를 사용하는 것이 좋다. 또 헤어컬러의 퇴색을 방지하기 위해서 자외선으로부터 모발을 보호하는 타입이 좋다.

바람직하지 않다 — 셋트력이 강한 아이템을 과잉으로 사용하면 씻어내기 위해 샴푸의 횟수가 늘어나고 퇴색이 빨라진다.

원하는 디자인에 따른 선택은 물론 헤어 케어를 고려하여 선택해 보자.

CHECK! 외워두자
모발의 상태를 확인하고 도포 후의 상태도 생각해 보자.

샴푸로 씻어낼 수 없을 정도의 과잉 사용은 하지 말자.

케어할 수 있는 스타일링제

셋트력이 매우 약한데 "스타일링제" 라고 할 수 있을까?

내츄럴 헤어에 가까운 자연스러운 느낌의 마무리를 좋아하는 요즘
수요가 높아지고 있는 셋트력을 억제한 스타일링제 에 관해 알아봅시다.

1 "어, 없는 건데." / "집에서는 케어 타입의 헤어크림으로 스타일링해 주세요. 거의 셋트력은 없지만 좋아요."
애프터 카운셀링에서 집에서의 손질 방법을 전달하는 메리씨.

2 "아! 그런 거라면 가지고 있어요! 모발을 케어하면서 스타일링도 할 수 있다니, 멋지다!" / "없으시다면 씻어 내지 않는 트리트먼트도 좋아요."
씻어내지 않는 트리트먼트로 스타일링 할 수 있다는 것을 알게 되어 감격한 고객.

POINT 1 ③ "씻어내지 않는 트리트먼트와 케어 타입의 스타일링제는 무엇이 다를까 전혀 다른 것 같지는 않은데……."
셋트력이 매우 약한데 「스타일링제」라고 불리는 것을 이상하게 생각한 메리. 상세하게 알고 싶다…….

4 "저 질감은, 역시 씻어 내지 않는 타입이기 때문에 가능하지."
헤어 디자인을 생각한 대로 마무리하고 싶어 배우고 싶은 욕구가 높아지는 메리.

이럴 때 알아 두면 좋은 지식은 이것!
POINT 1 모발을 케어하는 스타일링제

POINT 1 모발을 케어하는 스타일링제

현재 유행하고 있는 스타일링제는 「모발을 고정하는 타입」과 「케어하는 타입」으로 분류할 수 있다. 이른바 헤어 왁스와 헤어스프레이로 밀랍과 같은 고형 유분, 세트 폴리머 등의 세트 성분이 함유된 것이다. 한편 근래의 내츄럴 헤어 지향을 반영해서 등장한 케어할 수 있는 스타일링제는 처방 관점에서 2종류가 있다. 첫 번째는 처방상 「씻어내지 않는 트리트먼트」와 같은 종류의 성분(100% 오일과 고급 알코올+카티온 활성제 크림 등)으로 되어 있고, 세트 성분을 포함하지 않기 때문에 셋트력이 거의 없는 것. 두 번째의 매력적인 포인트로는 「헤어 케어」를 하는 제품이면서 처방 후에는 고체형 유분과 세트 폴리머를 약간 넣어 씻어내지 않는 트리트먼트보다도 잘 정돈되고 볼륨업 등의 효과를 높이는 것이다.

CHECK! 외워두자

주요성분이 케어제만으로 세트 성분이 배합되어 있지 않아도 [스타일링제]로서 내세울 수 있는 것도 있다.

> 모발의 케어와 헤어 디자인이 밀접한 관계로 되어 있는 것을 반영하고 있다!

- 케어할 수 있는 스타일링제
- 스타일링 할 수 있는 케어제

> 저는 「스타일링제를 바르고 싶지 않아」라고 하는 고객에게는 헹구지 않는 트리트먼트로 추천을 하고 있어요 ♪

> 「케어할 수 있는 스타일링제」라고 말할지 「헹구지 않는 트리트먼트」라고 말할지는 뜻은 같지만 고객에게 전달하는 방법이 달라요!

스타일링이 사람에게 주는 인상의 효과

모발의 스타일링(평소 손질도 포함)을 하는 것이 사람에 어떠한 영향을 주는지 조사해서 얼굴의 메이크업과 비교했다. 그렇다면, 스타일링도 메이크업도 하지 않았을 때와 비교해서 스타일링에 따라 「매력도」는 메이크업과 같은 정도, 「청결감」은 메이크업의 약 2배 높아지는 것으로 나타났다. 모발의 스타일링을 하는 것은 얼굴의 메이크업을 하는 것과 같은 정도, 또는 그 이상 사람의 인상을 좋게 바꿀 수 있으며, 모발은 다른 사람의 인상에 큰 힘을 가진다고 할 수 있다.

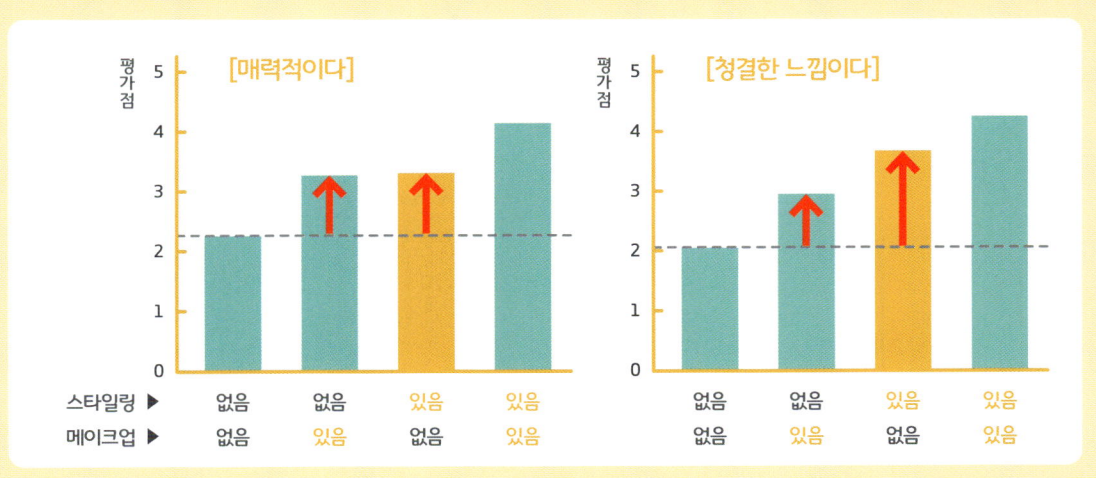

스타일링제에 관한 질문을 해결!

새삼스레 물을 수 없다!

Q 스타일링제는 시간이 지나면 왜 끈적일까?

A 유분이 모발에 흡수되기 때문에

스타일링제에 포함된 유분 때문입니다. 스타일링제 속에 배합되어 있는 액상 유분이 시간에 따라 모발에 흡수되어 끈적이고 무거워지면서 스타일링 한 상태가 흩뜨려져 버립니다. 한번 끈적이게 된 경우에는 씻어내는 수밖에 없습니다. 얇게 펴서 바르거나 조금씩 도포하거나 스타일링제를 많이 사용하지 않도록 신경 써서 끈적임을 예방합시다. 또, 잘 흡수되지 않는 액상 유분을 사용해서 시간 경과에 따른 끈적임이 잘 일어나지 않도록 설계된 스타일링제도 발매되고 있습니다.

Q 셋트력의 강약 조정은, 어떻게 설계되어 있는 것일까?

A 3종류의 세트 성분 배합량의 조정에 따라 강약을 만들어 낸다.

왁스를 예로 들면 셋트력은 세트 폴리머, 고체형 유분, 액상 유분의 양에 따라 조정됩니다. 셋트력은 물로 희석하여 약화시킬 수 있지만, 약제의 점도가 내려가기 때문에 적절한 사용감 및 도포감을 얻을 수 없고 스타일을 세트 하는 힘과 질감이 원하는 대로 되지 않습니다.

Q 스타일링제를 바르는 것은 모발을 말린 후 말리기 전 어느 쪽이 좋을까?

A 일률적으로 말린 후인지 전인지 말할 수 없다.

성분과 제형에 따라 도포하기 쉬운 모발(건조한 모발, 습한 모발)의 상태에는 차이가 있기 때문에 일률적으로 「건조 후에 사용」과 「건조 전에 사용」 어느 쪽이 좋다고 할 수 없습니다.
건조 후에 사용하는 것으로 왁스, 스프레이, 밀크, 젤(폼)이 있습니다. 이것들은 블로우와 아이롱에 의해서, 일단 만든 베이스 스타일에 액센트를 더하거나 유지할 수 있습니다. 건조 전에 사용하는 것으로는 폼, 밀크, 웨이브 전용 미스트가 있습니다. 이것들은 수분과 잘 섞이기 때문에 얼룩 없이 바를 수 있습니다. 또 수분 정도에 따라 사용할 수 있는 모발과 제형에 따라 사용할 수 있는 모발이 있습니다.

여기에서는 스타일링제에 관한 메리의 질문을 사이몬 선생님이 모발 과학의 관점에서 해결하겠습니다.

 「열보호 성분」이란 무엇인가요?

 모발을 열로부터 보호한다. 또는 열을 이용해서 모발을 케어하는 성분

드라이어와 아이롱의 열로부터 모발을 「보호한다」 또는 「열을 이용해서 케어한다」 정의가 메이커 각 사에 따라 2가지로 나뉩니다. 전자는 원래 열에 강한 성분(메드폼유, 세라마이드 등)이 큐티클 부분에 부착되어 열에 의한 단백 변성과 CMC의 유출을 방지해서 모발을 보호합니다. 후자는, 저분자의 케어 성분이 모발의 손상 부위에 침투, 열에 의해 고분자화해서 정착.
그 결과, 촉촉함과 매끄러운 촉감을 만들거나 셋트력을 높이거나 합니다(히트프로텍트성분=히트프로테인 열반응성 폴리머 등). 이것들은 아이롱과 드라이어를 사용하기 전에 사용하는 스타일링제에 배합되어 있습니다. 열에 의한 손상으로부터 모발을 보호하거나 열의 힘을 이용해서 형성, 보수합니다.

 최근 주목받고 있는 세트 성분이 있다면 알려 주세요?

A 자연 유래의 안정성이 높고
다양한 기능이 기대되는 「糖鎖(당쇄) (당 사슬화합물)」

스타일링제에는 소르비톨 등의 작은 당을 보습 성분으로 사용하는 경우가 있었는데, 분자가 작아서 모발끼리 묶을 수 없고 세팅력이 없으며 세트 성분으로 사용할 수 없습니다. 이 당끼리 모발을 묶을 수 있을 정도로 크고 사슬처럼 연결되어 있는 것이 「糖鎖(당쇄)(당 사슬)」로 최근, 세트 효과가 있는 糖鎖(당쇄)가 개발되고 있습니다.
糖鎖(당쇄)는 자연계에 다양하게 존재하고 바꾸기 쉬운 성질로 다양한 기능을 가질 수 있다고 합니다.
지금까지 없었던 질감과 세트 기능이 있는 糖鎖(당쇄) 제품의 개발이 기대되고 있습니다.

제9장은 스타일링제에 관해서 배웠습니다. 앞으로도 헤어 디자인의 유행이 변화함에 따라 함께 사용 되는 스타일링제도 빠르게 바꿀 것입니다. 하지만, 여기에서 배운 스타일링제의 기초 지식이 있다면 괜찮습니다. 시대에 역행하지 않고 생각한 대로 헤어 디자인을 이미지대로 마무리할 수 있는 미용사가 되어 봅시다.

제9장 모발과학 마스터로의 길
복습 테스트

아래의 질문에 관해서 각각 답해주세요.

● 스타일링제에 포함 된, 대표적인 3종류의 세트 성분은 무엇입니까?

고객이 물으면 이렇게 대답하자!
【제9장 살롱워크에서 사용할 수 있는 스탠바이 코멘트집】

Q. 스타일링제는 꼭 발라야 하나?
고객의 취향에 따라 다르지만, 살롱에서 마무리를 유지하기 위해서 스타일링제의 사용을 추천합니다. 아무리 예쁜 베이스를 커트 등으로 만들어도, 스타일링제가 바뀌면 마무리도 바뀌어 버립니다.

Q. 왁스와 헤어 크림의 차이는?
왁스는, 고형 성분이라고 불리는 세트 성분이 중심인데, 헤어 크림은 액상 유분을 주로 세트 성분으로 하고 있습니다. 왁스 쪽이 약간 셋트력이 강하다고 할 수 있습니다.

Q. 스타일링제에 알코올이 함유되어 있는데 모발에 나쁘지 않을까?
스타일링제의 대부분에 알코올[에탄올]이 사용되고 있는데, 목적은 주로 용제(세트 폴리머 등)와 기제(건조성)로 사용되고 있습니다. 대부분 휘발되기 때문에 나쁜 영향을 주지는 않습니다.

「모발과학」을 들으면 「어려울 것 같다」라고 느껴지고 공부는 해야 하는 것을 알고 있지만, 나중으로 미루거나 피하기 십상입니다. 매일 바쁜 살롱워크 중, 손을 움직이는 기술 습득이 우선시되는 것은 어쩔 수 없는 부분이기도 합니다. 그러나 모발을 다루는 프로로서 시술의 대상이 되는 소재(모발)와 사용하는 약제에 관한 전문지식을 갖고 있지 않다는 것은 자랑할 만한 것이 아닙니다. 예를 들면, 천과 봉제에 관해 모르는 의복 디자이너가 만든 옷과 식자재와 조미료에 관해 모르는 요리사들이 만든 요리에 대해서, 여러분은 어느 정도의 대가를 지불하겠습니까? 자신의 일에 책임을 가지고 접객하는 사람은 프로라고 불려도 전혀 이상하지 않습니다. 「모발과학」을 배우면 모발 진단을 정확하게 할 수 있고 기술의 질도 향상됩니다. 고객에게 홈케어에 관한 어드바이스도 심화되고, 제안할 수 있는 폭도 넓어집니다. 고객으로부터 인정받는 훌륭한 미용사가 되기 위해서라도 이 책으로 「모발 과학」을 마스터해 봅시다.

TakaraBelmont 주식회사

기본
모발과학
【개정판】

TakaraBelmont 주식회사

2021년에 창업 100년을 맞이한 TakaraBelmont 주식회사. 프로페셔널 화장품 사업은 1977년 Belmont화장품 주식회사 설립,「LebeL 화장품」 발매를 시작. 1978년 시가현에 TakaraBelmont 주식회사·화장품 공장을 준공하고 생산을 개시한다.

1980년에『ESTESSiMO』브랜드, 2016년에『pittoretiqua』브랜드를 발매. 2020년에는 2종류의 메듈라의 존재를 처음으로 발견해서 흰색과 검은색의 메듈라를 자유자재로 컨트롤하는「헹 메듈라 케어」의 기술을 국제학회에 발표. "아름다운 인생을 이루자"라고 하는 의도 아래, 개개인의 고객을 아름답게 빛내고 싶은 살롱과 함께 계속 걷기 위해 제품, 교육, 프로모션 지원. 또한 2000년에는 ISO14001 인증을 취득, 환경보전활동에도 적극적으로 참여하고 있다.

초판 1쇄 : 2023년 9월 2일
펴낸이 : 정환수
펴낸곳 : 드림북매니아
저자 : TakaraBelmont 주식회사
번역 : 황수정
편집 : 최지민
감수 : 김원현, 김상규(컬러), 김용준(퍼머)
등록 : 제 321-2008-00066
주소 : 서울시 송파구 12-5 미성빌딩
총판 : 드림북매니아 (02-512-8776 / 010-4212-3232)
전자우편 : dabin621@naver.com
ISBN : 979-11-88104-29-1
정가 : 35,000원

JOSEI MODE SHA CO.,LTD.
©TAKARA BELMONT CORPORATION 2022
한국어판©드림북 2023 Printed in Seoul, Korea

이 책의 내용을 무단 복사나 복제, 전재는 저작권법에 저촉되며, 적발 시 법적 제재를 받을 수 있습니다.

잘못된 책은 바꾸어드립니다.